SAXONIA

Heinz Schnabel

Beschreibung und Rekonstruktion einer historischen Lokomotive

transpress
VEB Verlag für Verkehrswesen
Berlin 1989

Das Titelbild und das Frontispiz zeigen die von der Deutschen Reichsbahn in den Jahren 1987/88 nachgebaute SAXONIA im November 1988 im taufrischen Anstrich.
Fotos: Hans Kirsche

Schnabel, Heinz:
SAXONIA-Beschreibung und
Rekonstruktion einer hist. Lokomotive/
Heinz Schnabel. 1. Aufl.
Berlin: Transpress, 1988.–104 S.:
96 Bilder 2 Tab.
NE: Schnabel, Heinz

ISBN 3-344-00351-8
© 1989 by transpress VEB Verlag für Verkehrswesen
Französische Straße 13/14, Berlin 1086
1. Auflage
VLN 162-925/96/89
LSV 3819
Einband: Jürgen Schumann, Berlin
Typografie: Jörg Lübben
Printed in the German Democratic Republic
Gesamtherstellung:
567 367 1
01480

Inhalt

Vorwort

In diesen Tagen vor einhundertfünfzig Jahren waren eine Handvoll Männer in der ein halbes Jahr zuvor gegründeten Maschinenbauanstalt in Uebigau bei Dresden dabei, eine Lokomotive zu bauen. Gesehen hatten sie alle schon so ein Fahrzeug: eine englische Maschine. Sie war als Arbeitszuglokomotive beim Bahnbau in Dresden eingesetzt und der Chef der Uebigauer Anstalt, Prof. Schubert, hatte sie mit seinen Assistenten im demontierten Zustand studieren und vermessen können.

Die Dresdner Schlosser waren sich sicher ihrer historischen Aufgabe bewußt, die erste deutsche Lokomotive zu bauen. Sie wußten vermutlich nicht, daß sie eine technische Revolution einleiteten und Stammväter von Hunderttausenden deutscher Lokomotivbauer wurden.

In unserem Lande ist die Traditionspflege dem legendären Professor Schubert genauso gewidmet wie den Lohnarbeitern in den Lokomotivfabriken. Für die Entwicklung markante Triebfahrzeuge und Wagen werden vom Verkehrsmuseum Dresden gepflegt und für die Nachwelt bewahrt. Leider gehört die 1856 ausgemusterte SAXONIA nicht dazu. Sie wurde vor 130 Jahren verschrottet.

Bereits 1985 wurde bei der Vorbereitung des Jubiläums „40 Jahre Eisenbahn in Volkeshand und 150 Jahre deutsche Eisenbahnen" vorgeschlagen, zu Ehren des 150jährigen Jubiläums der ersten deutschen Fernbahnstrecke Leipzig – Dresden die SAXONIA als betriebsfähige Dampflokomotive in altem Glanz wiedererstehen zu lassen.

Der Nachbau erwies sich mit dem Voranschreiten der Arbeiten als ein schwieriges Unterfangen. Trotz gründlicher Recherchen blieben dem Nachbaukollektiv langwierige Diskussionen und schlaflose Nächte während der etwa einjährigen Bauzeit nicht erspart. Doch all diese Sorgen und Mühen gerieten an dem Tag in Vergessenheit, als die neu entstandene SAXONIA ihre erste Bewegung aus eigener Kraft vollzog und sich zur Teilnahme an der Jubiläumsfahrt am 8. April 1989 rüstete.

Der Nachbau erhebt nicht den Anspruch, in allen Einzelheiten völlig originalgetreu zu sein. Aber er soll in Erinnerung an 150 Jahre erfolgreichen deutschen Lokomotivbaues den Pionieren dieser Epoche ein Denkmal setzen.

An dieser Stelle ist dem engagierten Kollektiv von Ingenieuren und Facharbeitern im Reichsbahnausbesserungswerk „Ernst Thälmann" Halle ebenso zu danken wie den Beschäftigten im Bahnbetriebswerk „Erwin Kramer" Neustrelitz, im Rationalisierungsmittelwerk der Deutschen Reichsbahn in Wilsdruff und im VEB Dampfkesselbau Dresden-Uebigau. Ohne das kreative Zutun dieser und mancher Nichtgenannter wäre der Nachbau ein Wunsch geblieben. Nicht zuletzt sind deshalb auch Dankesworte an den Stellvertreter des Ministers für Verkehrswesen und Leiter der Politischen Verwaltung der Deutschen Reichsbahn, Günter Gromann, zu richten, der dem Projekt ins Leben half und sein Werden maßgeblich unterstützte.

Dieses Buch soll allen Lokomotivfreunden eine technische Dokumentation über das Original und den Nachbau der SAXONIA bieten. Es soll auch die Bereitschaft fördern, gute Tradition zu bewahren und weiterzuführen.

Möge die SAXONIA den musealen Lokomotivpark des Verkehrsmuseums Dresden würdevoll ergänzen und bei künftigen Jubiläen die Parade der Dampflokomotiven anführen.

Berlin, im Herbst 1988   Heinz Schnabel

Die wirtschaftliche Situation zu Beginn des Lokomotivbaues

Die SAXONIA als erste brauchbare deutsche Lokomotive wurde 1838 von Professor Johann Andreas Schubert (1808 – 1870) in der Maschinenbauanstalt Uebigau bei Dresden entworfen und gebaut. Das geschah zu einer Zeit, da in England von 1828 bis 1838 bereits über 140 Lokomotiven entstanden waren. Zum nicht unwesentlichen Teil wurden sie nach Nordamerika exportiert, und auch der erste deutsche Eisenbahnzug von Nürnberg nach Fürth war 1835 von einer englischen Lokomotive gezogen worden.

In Deutschland hatten der Oberhütteninspektor Schnabel und Carl Ludwig Althaus im Juni 1816 einen Dampfwagen auf die Räder gestellt und 1817 in der Berliner Eisengießerei nochmals den Versuch unternommen, eine kräftigere Lokomotive zu bauen, die in die Grube Bauernwald bei Gerslautern im Saarland geliefert wurde. Von beiden Konstruktionen ist nichts rühmliches bekannt geworden; viele Reparaturen und häufige Ausfälle führten 1836 zur Verschrottung.

1834 gab es den erneuten Versuch eines deutschen Lokomotivbaues. Für die Nürnberg-Fürther Ludwigsbahn erboten sich die Württemberger Holmes und Rolandson, eine Lokomotive für 4 500 Gulden zu bauen. Trotz einer späteren Erhöhung auf 9 000 Gulden zeigte sich bald, daß sich beide zu viel vorgenommen hatten. Scharrer, der Bürgermeister von Nürnberg und aktive Förderer der Ludwigsbahn, hatte danach Mühe, in letzter Minute die Lokomotive DER ADLER bei Stephenson zu erwerben, die dann auch rechtzeitig am 26. Oktober 1835 eintraf.

Die SAXONIA war also die dritte deutsche Lokomotive. Um die technische Leistung Schuberts einordnen zu können, muß man einen Blick auf die wirtschaftlichen Gegebenheiten jener Zeit werfen.

In England hatte sich seit der Wende vom 18. zum 19. Jahrhundert eine kraftvoll aufstrebende Industrie entwickelt. Auf die politischen Ursachen soll an dieser Stelle nicht eingegangen werden. Die Initialzündung hatte die Erfindung der Dampfmaschine ausgelöst, und rasch war durch die neuen Produktionsmöglichkeiten ein hoher Bedarf nach leistungsfähigen Transportmitteln entstanden. Konzentrierte sich der Verkehrsbedarf zunächst auf Bergwerke und Gruben, dehnte er sich in der Folge schnell auf Überlandtransporte in Richtung Seehäfen aus.

Doch auch in England dauerte es immerhin etwa 20 Jahre, bis die Begriffe Eisenbahn und Lokomotive überhaupt entstanden. Deutschland existierte zur gleichen Zeit weder politisch noch wirtschaftlich. Eine Vielzahl absolut regierter Kleinstaaten, von Zollgrenzen gegeneinander abgeriegelt, erstickte jegliche Initiative gesellschaftlicher Entwicklung. Reformer wie Stein und Hardenberg hatten außerordentliche Schwierigkeiten, bei den Landesherren Gehör zu finden. Ähnlich erging es dem Nationalökonom Friedrich List.

Dennoch fanden sich weitblickende Männer aus Adel und Bürgertum, die sich im Ausland über das neue Transportsystem erkundigten. Denis, Brendel, Baader u. a. besuchten England und Belgien, um sich insbesondere Kenntnisse über den Lokomotivbau zu verschaffen. Und obwohl der Dozent Bauer vom Polytechnikum Nürnberg mit dem talentierten Laien Spaeth 1835 die Einzelteile der ADLER auf Zeichnungen erfaßte, kam es zu keinem Eigenbau. Auch Joseph Anton von Maffei, der 1837 zum Vorstand des Direktoriums der München-Augsburger Eisenbahngesellschaft berufen war und in seinem Hammer- und Walzwerk Hirschau eine Eisengießerei einrichtete, wagte erst 1844 den Bau der BAVARIA mit Unterstützung des englischen Maschinenmeisters Hall, der 1837 mit zwei Lokomotivführern zum Zusammenbau und zur Inbetriebnahme der englischen Maschinen JUNO und JUPITER angereist war. Für die Zurückhaltung der deutschen Unternehmer gab es drei Gründe. Einmal war es das fehlende „know how", die fehlende Technologie also, zum anderen mangelte es an den erforderlichen Werkzeugmaschinen. Und zum dritten waren wirtschaftliche Gründe ausschlaggebend. Während die englischen Firmen Robert Stephenson &Co. in Newcastle, Sharp, Roberts & Co. in Manchester und Feston, Murray & Jackson in Leeds als spezialisierte Unternehmen die Maschinen preiswert und zu garantierten Terminen anboten, waren die erst zu konstruierenden und in Einzelanfertigung herzustellenden deutschen Lokomotiven teuer und unerprobt. Letzteres vor allem war für die Bahnunternehmer Anlaß, sich Angebote aus dem Inland durch ein Baumuster vorstellen zu lassen. Das war für die Maschienenbauer mit hohen Kosten und hohem Risiko verbunden.

Unter diesen Umständen wird das Verdienst Schuberts erst richtig deutlich. Die Uebigauer Maschinenbauanstalt existierte bei der Eröffnung der Leipzig-Dresdner Eisenbahn im April 1839 erst gut zwei Jahre. In dieser kurzen Zeit waren unter Schuberts Leitung die beiden Elbdampfschiffe KÖNIGIN MARIA und PRINZ ALBERT vom Stapel gelaufen. Wenn auch Sachsen gegenüber anderen deutschen Ländern im Maschinenbau führend war, so stand jedoch auch hier nicht der Werkzeugmaschinenpark zur Verfügung, auf dem englische Lokomotivbaufirmen fußten. In Sachsen hatte die industrielle Revolution die Textilindustrie geschaffen.

Die Maschinenbauanstalt Uebigau

Der im Juni 1836 gegründete Dresdner Actien-Maschinenbau-Verein eröffnete am 1. Januar 1837 in Uebigau bei Dresden eine Maschinenbau-Anstalt. Leiter des Unternehmens wurde Professor Schubert. Zu der Zeit war der Bau der Leipzig-Dresdner Eisenbahn in vollem Gange, und neben der DER ADLER in

Johann Andreas
Schubert.
1808 bis 1870.
Technische Universität Dresden

Nürnberg waren mehrere englische Lokomotiven als Baufahrzeuge im Leipziger und Dresdener Raum im Einsatz. Schubert sah für seine Maschinenbauanstalt in der Herstellung von Lokomotiven eine reale Perspektive und vertrat die Meinung, daß für das künftige Produktionsprogramm vornehmlich deutsche Werkstoffe eingesetzt werden sollten. Diese Überlegungen waren vom volkswirtschaftlichen Standpunkt überaus bemerkenswert, dienten sie doch der Überwindung der Zollschranken und der Schaffung eines nationalen Marktes.

Schuberts Absicht, Lokomotiven zu bauen, war ein technisches und wirtschaftliches Wagnis. Es lag kein verbindlicher Auftrag vor. Welche Kraft der Bau der SAXONIA schließlich die Uebigauer kostete und welche Sorgen sie ihnen bereitete, mag daran zu erkennen sein, daß Schubert sich erst nach zwei Jahren entschloß, der SAXONIA eine zweite Lokomotive folgen zu lassen. Man wird die Ursache darin suchen müssen, daß Schubert im Frühjahr 1839 angesichts des wenig verheißungsvollen Einflusses der im Lande weilenden englischen Lokomotivführer nicht mit sicheren Bestellungen durch die Leipzig-Dresdner Eisenbahn-Compagnie rechnete; er wollte für die Maschinenbauanstalt kein weiteres Risiko eingehen. Als er sich schließlich doch entschloß und als zweites Fahrzeug die PHÖNIX baute, die am 12. April 1840 die Probefahrt absolvierte, bestätigten sich seine Vermutungen: Die Eisenbahnverwaltung kaufte nicht. Statt dessen führte der starke englische Einfluß bis zum Jahre 1850 zur Beschaffung von insgesamt 62 englischen Maschinen. 1847, als die SAXONIA noch voll im Reservedienst stand, waren bereits neun der englischen Maschinen ausgemustert.

Der Entwicklungsstand der englischen Lokomotiven

Die Bedeutung und die Stellung der ersten in Deutschland gebauten Lokomotive SAXONIA sind nicht klar zu bestimmen, ohne einen Blick nach England zu werfen und zu betrachten, was dort von 1829 bis 1837 geschehen war. Es ist dabei uninteressant, ob die ROCKET Abschluß der Vorgeschichte oder der Beginn in der Entwicklung der Dampflokomotive war. Tatsache ist, daß die Wettfahrt von Rainhill Ingenieure auf den Plan rief, die mit neuen Ideen und Konstruktionen aufwarteten und den Lokomotivbau voranbrachten.

Mit Stephensons ROCKET wurde erstmals der bis in unsere Tage gebräuchliche Heizrohrkessel mit wasserumspülter Feuerbüchse eingesetzt. Diese Erfindung stammt allerdings nicht von Stephenson, sondern von Henry Booth, dem Sekretär der Liverpooler Eisenbahn. Stephenson verließ 1830 mit seiner neunten Lokomotive die A1-Achsfolge und ging zur 1A-Folge über, zur Planet-Klasse. Weitere Merkmale der Planet-Klasse waren die waagerechten Zylinder unter der Rauchkammer und die von 25 (ROCKET) auf 130 erhöhte Anzahl der Rauchrohre (41 mmDurchmesser). Die infolge des hinteren Überhanges und der starken Belastung der gekröpften Treibachse auftretenden Nickschwingungen führten zu einem unruhigen Lauf. Das veranlaßte Stephenson, 1833 bei seiner Lokomotive MERCURY eine weitere Laufachse einzubauen. Die neue Achsfolge 1A1 erhielt den Namen Patentee-Klasse. In dieser Bauform wurde 1835 auch DER ADLER geliefert. Die Stephensonschen Panet-Lokomotiven hatten sechs Rahmenwangen. Vier gingen von der nach unten verlängerten Rauchkammer zum Stehkessel und nahmen die Treibachse auf. Sie waren an die Vorwand des Stehlkessels angenietet. Besonders ungünstig war diese Bauform, wenn der Zughaken an der Stehkesselrückwand befestigt war und somit der Kraftfluß durch den Stehkessel ging – eine Konstruktion, deren Grundgedanke uns schaudern macht. Doch man bedenke, daß zu jener Zeit rein empirisch gebaut wurde und der Begriff des Kraftflusses Zylinderdeckel – Treibkurbellager – Achslager – Zughaken so gut wie unbekannt war.

Während Stephenson die Zylinder innenliegend zwischen Außen- und Innenrahmen einpaßte, befestigte sie Forrester 1834 erstmals bei seiner SWIFT-SURE, einer 1A-Maschine, seitlich am Außenrahmen, wodurch er die teure Kröpfung der Treibachse vermied. Stephenson muß der Außenrahmen als Fortschritt erschienen sein, denn er fand bereits bei der Patentee-Klasse Verwendung. Auch Sharp sowie Murray & Jackson übernahmen diese Lösung,

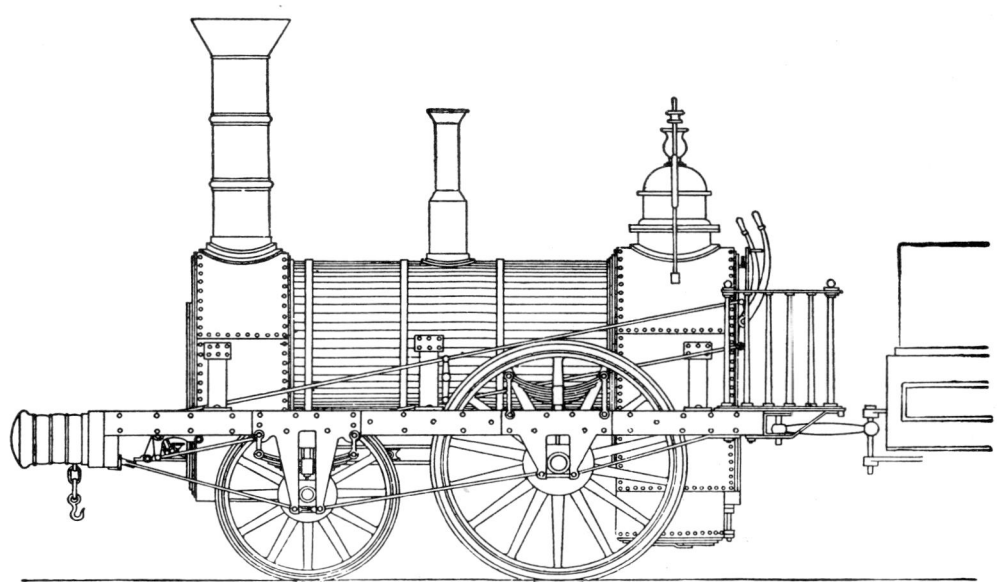

Lokomotive der Planet-Klasse, 1834 von Fenton & Murray erbaut.
Aus: Klien, Entwicklung der Bauweise der Dampflokomotive. Hannover 1909

wie Sharp 1837 auch Stephensons 1A1-Achsfolge aufgriff; allerdings genügte
ihm die vierfache Lagerung der Treibachse mit zwei Innenrahmenwangen.
Die Laufradsätze waren nur im Außenrahmen gelagert.

Bury in Liverpool, der ab 1830 Lokomotiven baute, umging die Außen-In-
nenrahmenvariante und führte den geschmiedeten Barrenrahmen ein. Dieser
hatte mit zwei 100 mm dicken Rahmenwangen eine hohe Verwindungssteifig-
keit. Der Gedanke zum Barrenrahmen leitete sich aus dem aus zwei Blechen
bestehenden und mit Holzbacken ausgefütterten und deshalb sogenannten
Futterrahmen ab; auch er hatte eine Dicke von 100 bis 200 mm. Eine weitere
konstruktive Eigenheit der Lokomotiven von Bury war die Ausführung des
Laufwerkes mit zwei gekuppelten Achsen zu einer Zeit, da der Einfluß der
Reibungsmasse theoretisch noch gar nicht erkannt war, da die Zuglasten
vielzu gering waren. Stephenson folgte jedenfalls diesem Beispiel nicht, wohl
aber Rothwell, der sich stark an Bury orientierte, der bis 1848 fast nur B-Lo-
komotiven mit Innenrahmen baute. Die Raddurchmesser bei Bury betrugen
1530 mm, die bei Rothwell 1370 mm. Waren die Zylinderdurchmesser mit
279 mm bei beiden gleich, verwendete Bury einen Kolbenhub von 406 mm
und Rothwell von 457 mm. Die Räder hatten bei Bury abwechselnd gegeneinander gespreizt stehende Rundspeichen aus Schmiedeeisen, bei Rothwell be-
standen sie aus Rippenguß.

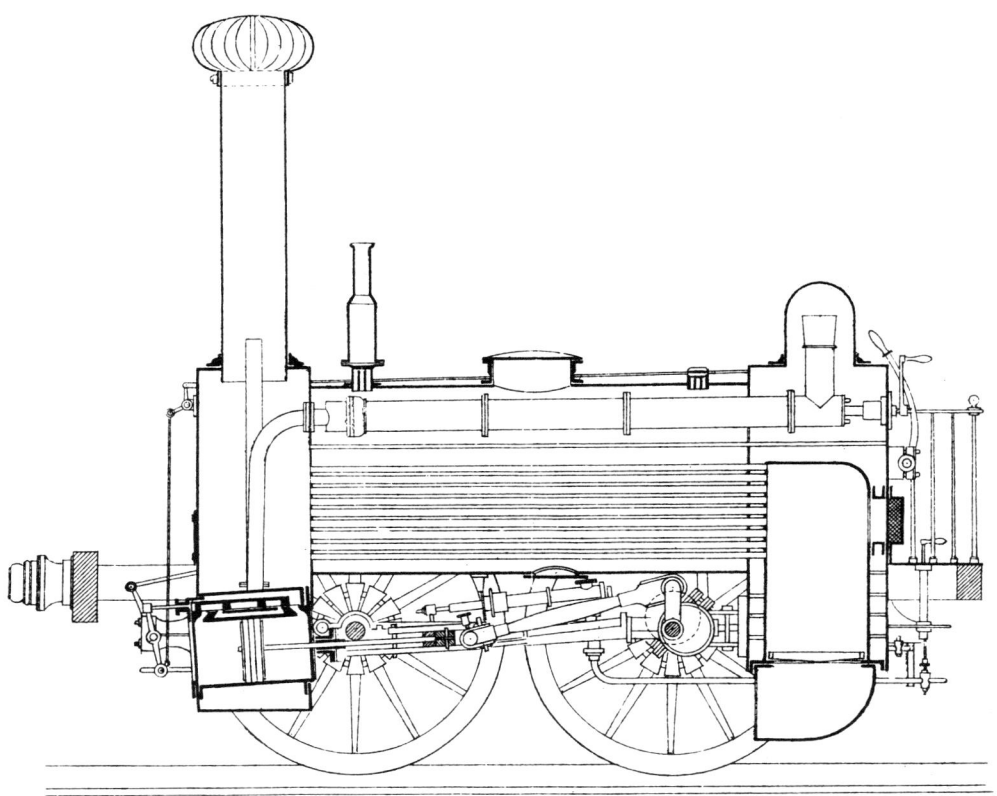

Lokomotive von Murray und Jackson, Baujahr 1837.
Aus: Civilingenieur, Jahrgang 1890, Tafel XIV

Hatten die Engländer mit Stephenson an der Spitze zu Beginn der dreißiger Jahre das Monopol im Lokomotivbau inne, so kamen ab Mitte der dreißiger Jahre die Amerikaner hinzu. 1836 erregte in Philadelphia Norris mit seiner 2A-Lokomotive WASHINGTON Aufsehen. Der von Bury eingeführte Überbau des Stehkessels, die sogenannte Rundkuppel, kam mit den Norris-Lokomotiven von Amerika nach Europa.

Daß die Leipzig-Dresdner Eisenbahn-Compagnie bis 1837 von Rothwell drei, von Kirtley eine sowie von der amerikanischen Firma Gillingham & Winans ebenfalls eine Lokomotive kaufte, dürfte seine Ursache darin haben, daß den Rothwellschen Maschinen der Ruf vorausging, sie seien besser als die von Bury. Die 1A1 von Kirtley und die B-Lokomotive mit stehendem Kessel von Gillingham & Winans dürften zu Vergleichszwecken angekauft worden sein, zumal der sächsische Konsul in den USA, Brauns, eine entsprechende Empfehlung gegeben hatte.

Bis zum Bau der SAXONIA aus England bezogene Lokomotiven für deutsche Bahnen

Name	Bauart	Hersteller	Fabr.-Nr.	Bau-jahr	Bemerkungen
DER ADLER	1A1 n2	Stephen-son	118	1835	1); + 1857
PFEIL	1A1 n2	Stephen-son		1836	1);
COLUMBUS	B n2	Winans		1835	2); stehender Kessel; Antrieb über Blindwelle u. Zahnräder
COMET	B n2	Rothwell	9	1835	2); geliefert 1836; Probefahrt 28. 3. 1837; umgebaut in B1 1842; + 1846
BLITZ	B n2	Rothwell	10	1836	2); geliefert 12. 4. 1837; Eröffnungsfahrt Leipzig–Althen 24. 4.1837; umgebaut in B1 1842; + 1848
WINDS-BRAUT	B n2	Rothwell	18	1837	2); geliefert 1837; umgebaut in B1 1842; Kesselzerknall 21. 5.1848
FAUST	B n2	Rothwell	19	1837	2); geliefert 1838; + 1848
RENNER	1A1 n2	Kirtley		1837	2); + 1858
STURM	1A1 n2	Kirtley		1838	2); + 1857
ELEPHANT	1A1 n2	Kirtley		1838	2); + 1862
WILLIAM KIRTLEY	1A1 n2	Kirtley		1838	2); + 1851
PETER ROTHWELL	1A1 n2	Rothwell	20	1838	2); + 1856

Name	Bauart	Hersteller	Fabr.-Nr.	Bau-jahr	Bemerkungen
SALAMAN-DER	1A1 n2	Rothwell	38	1838	2); + 1856
EDWARD BURY	B n2	Bury		1838	2); neuer Langkessel 1852; + 1854
DRACHE	B n2	Bury		1838	2); + 1854
ADLER	B n2	Bury		1838	2); + 1854
PFEIL	B n2	Bury		1838	2); + 1854
JUPITER	1A1 n2	Stephen-son		1837	3); + 1856
JUNO	1A1 n2	Stephen-son		1837	3); + 1856
VESTA	1A1 n2	Sharp		1838	3); + 1874
VENUS	1A1 n2	Sharp		1838	3); + 1856
VULKAN	1A1 n2	Fenton		1838	3); + 1856
MARS	1A1 n2	Fenton		1838	3); + 1856

1) Lokomotive der Ludwigseisenbahn Nürnberg–Fürth
2) Lokomotive der Leipzig–Dresdner Eisenbahn-Compagnie
3) Lokomotive der München–Augsburger Eisenbahn

Eine besondere Rolle in der konstruktiven Gestaltung der Dampflokomotive spielte stets die Steuerung. Wie sie bei den einzelnen Lokomotiven jener Anfangsjahre ausgebildet war, ist nicht immer eindeutig nachzuweisen. In keinem Fall wurde jedoch die Dampfdehnung genutzt. Es kam wohl in erster Linie darauf an, eine Möglichkeit für das Vorwärts- und Rückwärtsfahren zu schaffen. Das geschah entweder durch lose Exzenter mit Mitnehmern oder durch feste Exzenter mit ausklinkbaren Exzenterstangen. Die Handhabung

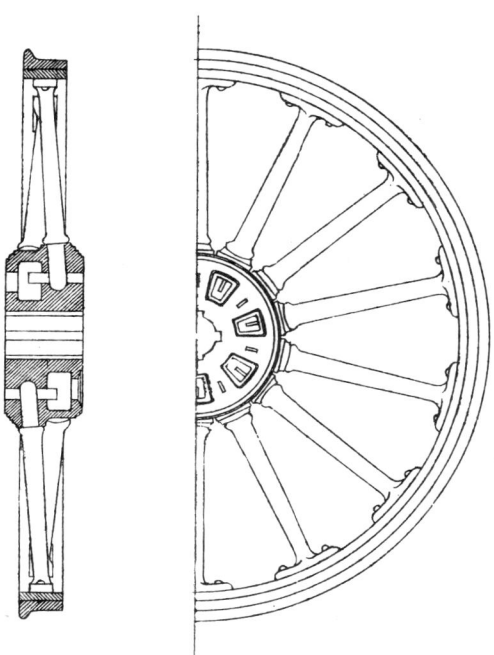

Treibrad von Bury.
Aus: Civilingenieur

einer solchen Steuerung war denkbar umständlich. Die von Rebenstein 1836 für die Lokomotive DER ADLER gegebene Beschreibung macht dies deutlich:

„Eine wichtige Rolle spielt im Rahmen des ganzen Bewegungssystems der Lokomotive der zwischen den beiden Kurven der mittleren Räderachse beweglich angebrachte Muff. Der Muff trägt an jedem Ende eine exzentrische Scheibe, d. h. eine Scheibe, bei der die aus der Mitte herausgesetzten Angriffspunkte um ein Viertel der Gesamtumdrehung voneinander abweichen und in der Mitte eine die Achse umfassende viereckige Gugel. An jedem Ende des Muffs ist außerdem noch eine stählerne Scheibe mit einem viereckigen Loch befestigt, das den hervorspringenden Zapfen des entsprechenden Kragens aufnehmen kann. Wird nun der Muff gegen einen der beiden Kragen bewegt, so schnappt der sich mit der Achse drehende Zapfen, sobald er sich der Öffnung gegenüber befindet, in diese ein und zwingt den Muff, sich mit ihm zu drehen. Dasselbe Spiel wiederholt sich, wenn der Muff auf die entgegengesetzte Seite geschoben wird. Die beiden Einzapfungen stellen in ihrer Aufeinanderfolge insofern einen Unterschied dar, als daß der hervorspringende Teil jeder der exzentrischen Scheiben in dem einen Fall dem entsprechenden Achsknie um den vierten Teil der Gesamtumdrehung voraus und im anderen um ebensoviel hinter demselben zurück ist. Um den Dampfwagen aus dem Zustand der Ruhe in den der Bewegung zu bringen, hat der Lokomotivführer eine vielseitige und an-

strengende Tätigkeit zu entfalten. Zunächst müssen die Stangen der exzentrischen Schei-
ben außer Verbindung mit dem Mechanismus der Schiebeventile gebracht werden. Sie
werden ausgehängt. Dies geschieht durch einen linker Hand am Führerstand angebrach-
ten Fußhebel, der aus der senkrechten in die waagerechte Stellung gebracht wird. Nun-
mehr müssen die Kolben in Gang gebracht werden, damit diese sowie die Verteilungs-
büchsen und die Dampfableitungskanäle eine Temperatur erhalten, die der im Kessel
herrschenden nahe kommt. Zu diesem Zweck wird der oberhalb des Fußhebels ebenfalls
linker Hand angebrachte Hebel aus seiner waagerechten in die senkrechte Stellung ge-
bracht. Hierdurch werden die beiden senkrechten Arbeitshebel, deren Handgriffe vor ihm
angeordnet sind, mit den beiden voneinander unabhängigen Ventilhebeln in Verbindung
gebracht. Dann macht der Lokomotivführer mit der linken Hand einige Züge mit dem
rechten Hebel. Hierdurch werden die Schiebeventiele in Gang gebracht. Doch darf hier-
bei kein Dampf zu den Kolben gelangen. Nun dreht er den Hahnschlüssel, der vor ihm
über dem Schürloch angeordnet ist, von rechts nach links, damit der Dampf aus dem
Kessel in die Verteilungsbüchsen übertreten kann. Darauf setzt er die Arbeit mit den
Ventilen in schneller Hinundherbewegung fort. Jetzt endlich beginnt der Lokomotivfüh-
rer die Bewegung. Das eine Ventil wird so gestellt, daß der Dampf weder vor noch hin-
ter den Kolben treten kann. Mit Hilfe des anderen aber läßt er, je nach dem das betref-
fende Knie der Achse der mittleren Räder sich unter oder über der Achse befindet oder
man den Wagen vorwärts oder rückwarts laufen lassen will, Dampf hinter oder vor den
Kolben des anderen Zylinders treten. Er hat darauf Rücksicht zu nehmen, daß das Knie
rechter Hand dem anderen immer genau um den vierten Teil der ganzen Bewegung vor-
aus ist, wenn die Bewegung vorwärts, und ebensoviel zurück ist, wenn die Bewegung
rückwärts geschieht. Daraus ergibt sich, mit welchem Kolben er die Bewegung zu begin-
nen hat. Ist der Wagen in Bewegung gebracht, so muß er die Fußhebel wieder in die
senkrechte Stellung bringen, worauf die Stangen der exzentrischen Scheiben mit ihrer
Einkerbung wieder in die Bolzen der Ventilhebel eingreifen und diese dann in Bewe-
gung setzen."

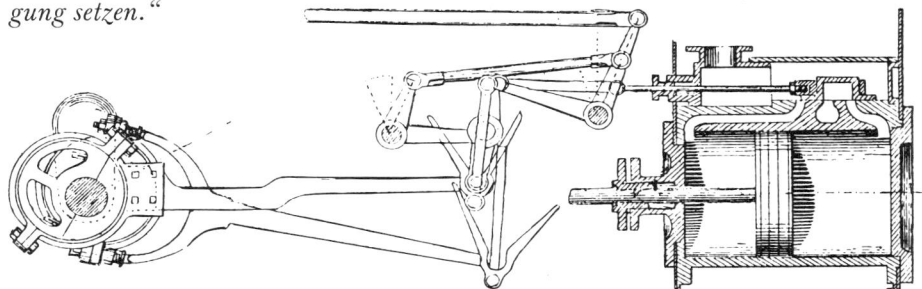

Gabelsteuerung von Stephenson, verwendet ab 1838. Zur Umkehr der Fahrtrichtung wurde die Exzenterstange durch Aus- bzw. Einklinken mittels Hand-
hebel gewechselt. Für jede Fahrtrichtung war eine gesonderte Exzenterstange
vorhanden.
Aus: Helmholtz; Staby, Die Entwicklung der Lokomotive. München 1930

Norris führte bereits Mitte der dreißiger Jahre die Einexzenter-Gabelsteuerung ein. 1836 folgte Hawthorn in Newcastle mit der Zweiexzenter-Gabelsteuerung. Sie besaß je eine in die Schieberstange einklinkbare Gabel, die in Hängeeisen schwangen; der Umsteuerungshebel hob oder senkte die Gabeln. Nun war es nur noch ein kleiner Schritt, beide Gabeln zu einer Kulisse zu verbinden, was 1843 Howe, dem Werkmeister Stephensons, gelang (Stephenson-Steuerung).

Schubert und dem deutschen Lokomotivbau stand also eine Vielzahl technischer Lösungen zur Verfügung. 1837 befanden sich neun englische Lokomotiven im Besitz deutscher Eisenbahnen, an denen konstruktive Details studiert werden konnten. Weitere elf Lokomotiven wurden 1838 an die Leipzig-Dresdner Eisenbahn-Companie geliefert. Eines war von unschätzbarem Wert: Alle zeigten im Betriebseinsatz rasch ihre Stärken und Schwächen. Von den gedanklichen Anregungen her konnten die Deutschen ins volle greifen.

Erfahrungen aus dem Betriebseinsatz der englischen Lokomotiven

Schon nach kurzem Einsatz zeigten sich an der COMET, FAUST, BLITZ und WINDSBRAUT von Rothwell sowie an der RENNER von Kirtley erhebliche Mängel. Eine vom Zivil-Ingenieur H. Köhler an den Chef-Ingenieur und das Direktorium der Leipzig-Dresdner Eisenbahn-Compagnie gerichtete Übersicht von Ende 1837, also nach Eröffnung des ersten Teilabschnitts Leipzig–Althen am 24. November 1837, führt eine Vielzahl technischer Mängel an den Lokomotiven auf. So zeigte sich an der BLITZ, daß als Folge von Fertigungs- und von Montagefehlern die Steuerung der Dampfmaschine nicht exakt eingestellt, die Ein- und Ausströmrohre an den Flanschen undicht, Bolzen unbrauchbar, der Kessel nicht parallel auf den Rahmen aufgesetzt und die Radsätze nicht im Stichmaß eingebaut waren. Ferner liefen die Kolbenstangen nicht in gleicher Flucht mit den Treibstangen. Die Rostspalten in der Feuerung waren für den hochwertigen englischen Koks ausgelegt und für den sächsischen Koks minderer Qualität viel zu eng. Im August 1837 waren die ersten, aus zu weichem Kupfer hergestellten Heizrohre geplatzt; im Septenber zeigten sich ausgebeulte Feuerbüchswände. So mußten die Kupfer- gegen Messingrohre ersetzt und die Feuerbüchse zusätzlich mit Stehbolzen im Stehkessel versteift werden. Ähnliche Vorfälle waren aus England von der Liverpooler Eisenbahn bekannt. Dort hatte die LIVER vom 12. März 1832 bis Juli 1834 allein 20 Wochen wegen Reparaturen an den Heizrohren, der gekröpften Treibachse und an den Rädern gestanden. Im Durchschnitt mußten alle Lokomotiven nach anderthalb bis zwei Jahren einer Generalreparatur zugeführt werden, die 50 Prozent des Kaufpreises kostete. Dabei wurden Feuerbüchsen, Heizrohre, Wasser- und Dampfventile, Exzenter und gebrochene Kolben sowie Radsätze erneuert. Die gekröpften Treibradsätze brachen überwiegend an den Kurbelwinkeln der Achswelle.

Da die dampfführenden beweglichen Teile der Dampfmaschine in jenen Tagen noch nicht geschmiert wurden, verschlissen Schieber und Kolbenringe rasch und wurden undicht. Die Folge war starker Leistungsabfall. Bei der BLITZ ersetzte die Eisenbahn-Compagnie die gußeisernen Kolbenringe durch Messingringe.

Große Probleme schufen Ablagerungen von Kesselstein, worauf z. T. auch die Ausbuchtungen der Feuerbüchse zurückzuführen sein dürften. Dixon von der Liverpooler Eisenbahn gab die Empfehlung, nur *„mit ganz reinem Wasser"*

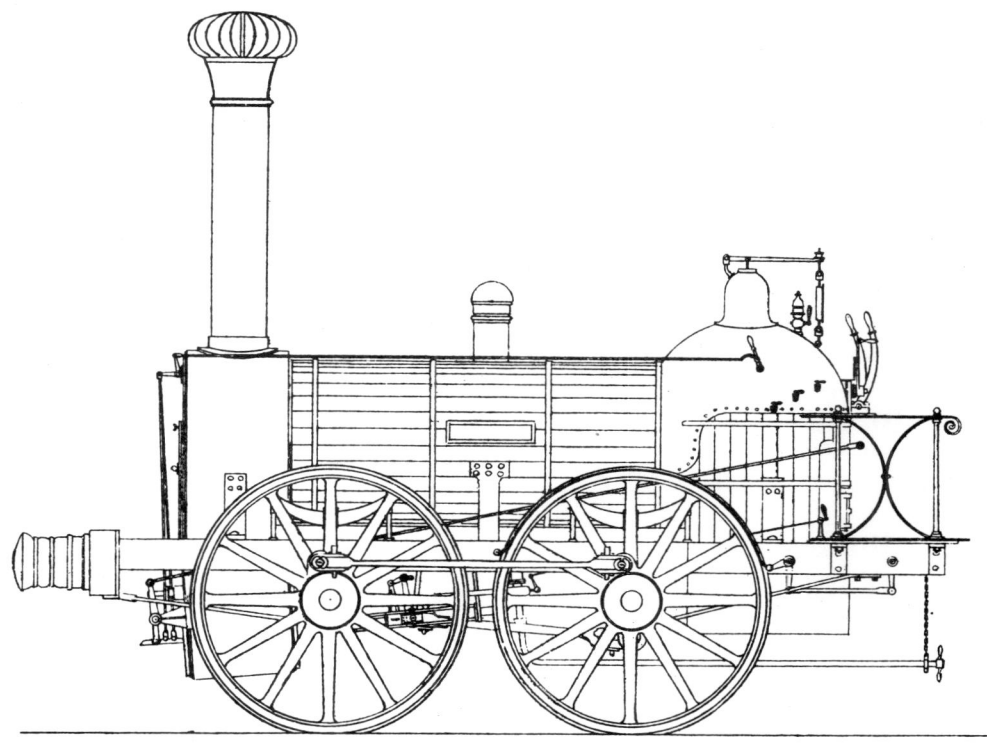

COMET, 1836 für die LDE von Rothwell geliefert.
Aus: Civilingenieur

zu fahren (Destilat). Auch Professor Erdmann, Mitglied des Comité der Leipzig-Dresdner Eisenbahn-Compagnie, empfahl nach einer Analyse des Kessel-
steines das gleiche.

Bei der Montage der RENNER, einer 1A1 von Kirtley aus Warrington, be-
rücksichtigte man alle o. g. Mängel. Bei dieser Lokomotive zeigte sich aber,
daß die Parameter des Kessels schlecht mit denen der Dampfmaschine abge-
stimmt waren; er brachte nur mit hochwertigem englischen Koks die erforderliche Leistung, doch das auch nur vorübergehend und nicht im Dauerbetrieb.
Köhler schreibt darüber an das Direktorium:

*„Den oben aufgestellten Dimensionen seiner Maschinentheile nach sollte der REN-
NER mit 50 Pfund Druck auf den Quadratzoll des Kolbens (etwa 3,65 bar
Schieberkastendruck; H. Sch.) bequem 16 unserer Kutschen gefüllt die Steigungsver-
hältnisse von 1:216 (4,6 ‰; H. Sch.) mit einer Geschwindigkeit von 380 einfachen
oder 760 Kolbenhüben beider Cylinder pro Minute (etwa 55 km/h; H. Sch.) überwin-*

den. Er leistet diesen Effekt aber nur mit 75 bis 80 Pfund Dampfspannung (5,4 bis 5,8 bar; H. Sch.). Es würde daher in mehrfacher Beziehung höchst ungerathen seyn, diese Maschine unter so hoher Spannung arbeiten zu lassen, weshalb ich bei dieser Gelegenheit darum ansuche, dem RENNER künftig nicht mehr als einen Train von 10 bis 12 unserer Kutschen zuzumuthen."

Daraus ist zu schließen, daß nicht nur die Kesselverschlammung Probleme mit sich brachte, sondern auch die Kesselberechnung im argen lag. Diese Schwierigkeiten werden wohl auch Schubert beim Bau der SAXONIA beschäftigt haben.

Hinzu kamen die vielen Undichtigkeiten am Kessel selbst. Noch nicht ausgereifte Technologien beim Kesselnieten wie das Anpassen der Kesselbleche an den Nahtstellen und der Einschluß von Zunder an den Dichtstellen u. a. m. führten dazu. Des weiteren waren die Kessel über sogenannte Stütz-

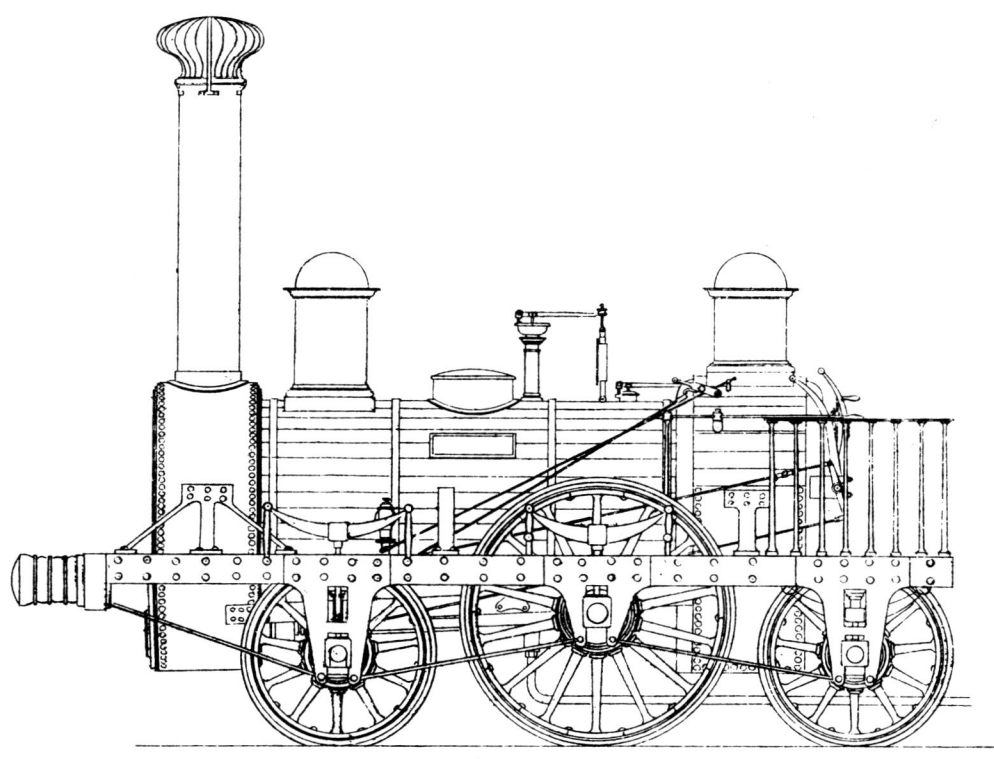

RENNER, 1837 von Kirtley für die LDE geliefert.
Aus: Civilingenieur

halter fest mit dem Rahmen verschraubt; die Wärmedehnung des Kessels wurde mithin nicht berücksichtigt.

Alle Undichtigkeiten nahm man als sogenanntes Wasserlassen in Kauf; ja man nutzte es zum Nässen der Schienen. Ein englisches Journal schrieb dazu:

„Bei trockenem Wetter ist es sehr zweckmäßig die Schienen naß zu machen, und man könnte dazu das Wasser benutzen, welches die Lokomotivkessel auslassen. Sollte jedoch ein Kessel ganz dicht gehen, so läßt sich leicht eine Einrichtung dazu machen."

Weil weltweit der Einachsantrieb in Form von 1A1- und 2A-Maschinen vorherrschend war und dieser Trend weiter anhielt, ist die frühe Erkenntnis der Leipzig-Dresdner Eisenbahn-Compagnie bemerkenswert, daß sich zwei gekuppelte Radsätze als Antrieb besser eignen. Hierzu schreibt Köhler:

„Bei kaltem und nassem Wetter hat sich der Gebrauch von 6 Rädern zum RENNER sehr unvortheilhaft bewährt. Das unabänderliche Gleiten der Räder, durch den Mangel an Adhäsion auf nassen und glatteisigen Schienen verursacht, beweist, daß sechsrädrige Locomotiven, die zu allen Jahreszeiten vollen Dienst leisten sollen, ein Gewicht von mindestens 12 Tonnen englisch haben müssen, wobei die gekröpften Achsen solche Dimensionen bekommen, daß man darauf 7 Tonnen Gewicht der Maschine bringen kann. Ich würde Ihnen demnach bei Bestellung von etwa 20 Locomotiven nur das Verhältnis von 14 vierrädrigen (B; H. Sch.) und 6 sechsrädrigen (1A1; H. Sch.) vorschlagen können. Würden bei diesem System Maschinen zum gemeinschaftlichen Dienst für Passagiere und Güther verwendet, so dürften die vierrädrigen mit 9 Tons Gewicht und die sechsrädrigen mit 11 bis 12 Tons die zweckmäßigsten sein."

In diesen Darlegungen mag Schuberts Gedanke, eine B1-Maschine zu bauen, begründet sein. Als genialen Schluß führte er die besseren Adhäsionsverhältnisse der B-Maschinen mit den guten Laufeigenschaften der 1A1-Lokomotiven zusammen.

Aber auch Frostschäden gehörten zu den ersten unangenehmen Erfahrungen. Schubert scheint den Bericht Köhlers sehr aufmerksam gelesen sowie die Vorkommnisse selbst studiert zu haben. Sein Entschluß, das Wasser im Tender vorzuwärmen, läßt dies vermuten. Köhler schrieb dazu:

Trotz aller Vorsicht während der strengen Kälte dieses Winters ist uns doch die eine Pumpe (an der BLITZ; H. Sch.) auseinandergetrieben worden. Da ich jedoch schon vor längerer Zeit um die Dublette hiervon aus England bei Ihnen gebeten habe, so darf ich über baldige Auswechslung dieses Maschinentheiles, ehe eine ganz aufhaltliche Reparatur daran vorfällt, beruhigt sein. Zur Aufthauung des sich im Pumpenventil sammelnden Eises hatte ich eine Dampfverbindung aus dem Kessel hergestellt, auf die Art, wie ich schon vor zwei Jahren die Idee davon in England aussprach und wie jetzt allgemein dort eingeführt wird. Der vorige Winter (1836/37; H. Sch.) weist überhaupt auf eine bestmögliche Warmhaltung der Maschinen im Standlokale (Lokomotivschuppen; H.Sch.) und auf eine vollkommene Vorheizung hin."

Die vielen Schäden, die zu häufigen Reparaturen führten, warfen bald die Frage nach einer Normung der Lokomotivbauteile auf. Köhler schrieb dazu in seinem Bericht:

„Überhaupt halte ich es für den kümftigen Betrieb unserer Bahn von höchster Wichtig-keit, eine Norm bei Bestellung der Locomotiven festzuhalten oder wenigstens dahin zu streben, daß die meisten nach einerlei Schablone bis in die kleinsten Details abgeliefert werden, damit jedes Stück einer Locomotive auf die andere paßt. Ich könnte mich fast verpflichten, durch dieses System jährlich ein bedeutendes Capital an Reparaturkosten ersparen zu wollen, ungeachtet der überaus vermehrten Zuverlässigkeit und Regelmäßig-keit des Betriebes."

Etwa zur gleichen Zeit erkannte Friedrich Pauli, Ingenieur und technischer Vorstand für die Bahnabteilung Augsburg-Nürnberg, daß ein nicht durch technische Forderungen bestimmter Lokomotivbau Probleme bei der Instand-haltung des Lokomotivparks nach sich zieht. Er kaufte daher weder Maschi-nen bei mehreren Lokomotivfabriken noch lieferte er sich den Risiken eines alleinigen Lokomotivfabrikanten aus. Vielmehr verfaßte er in Form einer Aus-schreibung ein Forderungsprogramm für die benötigten Lokomotiven der Nord-Süd-Bahn. Es fiel bereits deutlich detaillierter aus als das der Liverpool-Manchester-Railway von 1829. Hier die wichtigsten Forderungen aus der Pauli-Ausschreibung:
 - Beförderung von 70 t Anhängelast auf 5 ‰ mit 33,4 km/h;
 - Achsanordnung 1A1;
 - außenliegender Rahmen, außenliegende Zylinder;
 - veränderliche Expansion, veränderliches Blasrohr;
 - Zylinderdurchmesser 305 mm, Kolbenhub 508 mm;
 - Treibraddurchmesser 1524 mm.

Und:

„Alle Locomotiven und Tender müssen in ihrer Construction im allgemeinen so wohl als auch insbesondere in den mechanischen Theilen, den Gewinden etc. nach bestimmten Calibern genaugleich gearbeitet werden, so daß jedes Stück ei-ner Maschine andieselbe Stelle einer anderen so passen muß, als ob es ur-sprünglich dafür bestimmt gewesen wäre."

Wollte Schubert mit seinem Erstlingswerk gegen die vorherrschende Macht der englischen Lokomotivfirmen bestehen, mußte er also vor allem die Fehler und Mängel der ausländischen Maschinen durch Verbesserungen von vorn-herein ausschließen.

✶

Ein besonderes Problem, das auf den Betriebseinsatz entscheidenden Einfluß hatte, war der Brennstoff. Die aus England bezogenen Lokomotiven waren ausschließlich auf Steinkohlenkoksfeuerung ausgelegt. Da englischer Koks wegen der enormen Transportkosten sehr teuer war und die Lieferungen per Schiff unkontinuierlich eintrafen, mußte deutscher Koks verwendet werden. Der aus dem Zwickauer Revier gelieferte Koks hatte einen unteren Heizwert von 26 350 kJ und lag spürbar unter dem des englischen mit 29 700 kJ. Doch schwerer als dieses Handicap wog, daß der Zwickauer Koks mit Pferdefuhrwerken transportiert werden mußte und daher kaum billiger wurde als der englische.

Versuche mit Koks aus den Plauenschen Grund bei Dresden und mit Steinkohle aus Löbejün bei Halle führten zu keinem Erfolg. Beide hatten einen zu hohen Ascheanteil, der durch Anreicherung mit erdigen Bestandteilen bis zu 20 Prozent (im Mittel 12 Prozent) betrug und zur raschen Verschlackung des Feuers führte. Die Löbejüner Steinkohle – übrigens der erste Versuch, Steinkohle einzusetzen – zerbröckelte stark, was zu einem hohen Flugascheanfall in der Rauchkammer führte.

Auf Betreiben des Direktoriumsmitgliedes Prof. Erdmann entstand in Riesa eine bahneigene Koksbrennerei. Um dem Ascheabschmelzen beizukommen, mischte man der zu verkokenden plauenschen Steinkohle Kalk bei. Dennoch blieben die verschlackten Feuer nicht aus, was deshalb zusätzlich unangenehm war, da zum Entfernen der Schlacke jedesmal Roststäbe gezogen werden mußten. Schuberts Gedanken zu einem abklappbaren Rost mögen hier ihren Ausgang genommen haben.

Die Lokomotivführer

Wie bei der ersten bayerischen Eisenbahn, der   Ludwigseisenbahn Nürnberg
– Fürth   und der   München-Augsburger Eisenbahn,   waren auch mit den
ersten Lokomotiven für die Leipzig-Dresdner Eisenbahn englische Lokomotivführer angereist. Ihnen oblag zunächst die Montage der in Kisten geliefer-
ten Einzelteile zum einsatzfähigen Fahrzeug, die Führung der Lokomotive
und die Ausbildung deutscher Lokomotivführer.

Vom Berufsstand waren diese englischen Spezialisten Ingenieuren gleichzu-
setzen, und wie solche Interessenvertreter ihrer englischen Lieferfirmen han-
delten sie auch aus dem Bestreben heraus, das Monopol des Lokomotivbaues
nicht antasten zu lassen. Es ist belegt, daß es der Lokomotivführer der CO-
MET, John Robson war, der in Leipzig das Beladen der SAXONIA mit Koks
verhinderte. Bekanntlich erreichte Schubert dadurch nicht den Anschluß an
den dritten Zug des Eröffnungstages. Solches Ränkespiel setzte sich bis zu Sa-
botageakten fort.

Aus solcher Situation heraus stand Schubert vor der Aufgabe, seine SAXO-
NIA selbst zu führen. Von der Kunst des Lokomotivführers hingen nicht nur
die störungsfreie Fahrt, der Anteil von Reparaturen, die Leistungsfähigkeit
ab; aus der Beschreibung der Steuerung weiter oben war ja zu ersehen, wie
kompliziert allein schon das Anfahren oder der Fahrtrichtungswechsel waren
und welches Geschick nötig war, wollte man keinen Schaden anrichten. Starken Einfluß hatte der Lokomotivführer auch auf den Brennstoffverbrauch,
eine für die Wirtschaftlichkeit der Eisenbahn wesentliche Frage. Die Tabelle
verschafft einen Einblick in die damalige Situation.

Leistungsübersicht einiger LDE-Lokomotiven
vom 16. Juli 1838 bis 31. Dezember 1838

Lokomotive	Lauflei-stung in sächs. Meilen	Durchschn. Geschwind. in Min. pro sächs. Meile	Beförderte Masse in Centner	Brennstoffverbrauch		
				engl. Koks in	sächs. Koks in Scheffel	Holz in Kasten
COMET	542 2/5	10,5	267 535	598	616	1,65
EDWARD BURY	822 3/4	10,6	332 544	1124	1532	3,21
PFEIL	861 1/3	10,3	305 374	788	1333	4,88
WILLIAM KIRTLEY	185 2/3	11,0	4 731	110	385	1,55

Die Konstruktionsmerkmale der SAXONIA

Originale techniche Unterlagen über die SAXONIA sind nur spärlich vorhanden. Die bekannteste Quelle ist die Zeichnungsrekonstruktion nach einer Blaupause aus dem Besitz von Schuberts Sohn Willy. Angaben in der Lokomotivliteratur um die Jahrhundertwende sind in Details oft unterschiedlich. Es war daher unumgänglich, bei der Beschreibung der konstruktiven Merkmale oft auf die Beschaffenheit der englischen Vorbilder zurückzugreifen, um die von Schubert in die Gestaltung der SAXONIA eingebrachten Gedanken nachempfinden zu können. Wie Stephensons Größe darin lag, daß er mit sicherem Griff aus vielen vorangegangenen Versuchen zahlreicher Vorgänger die einzig technisch vernünftige Lösung fand, griff auch Schubert mit feinnervigem Gespür die Erfahrungen mit bereits eingesetzten Lokomotiven auf.

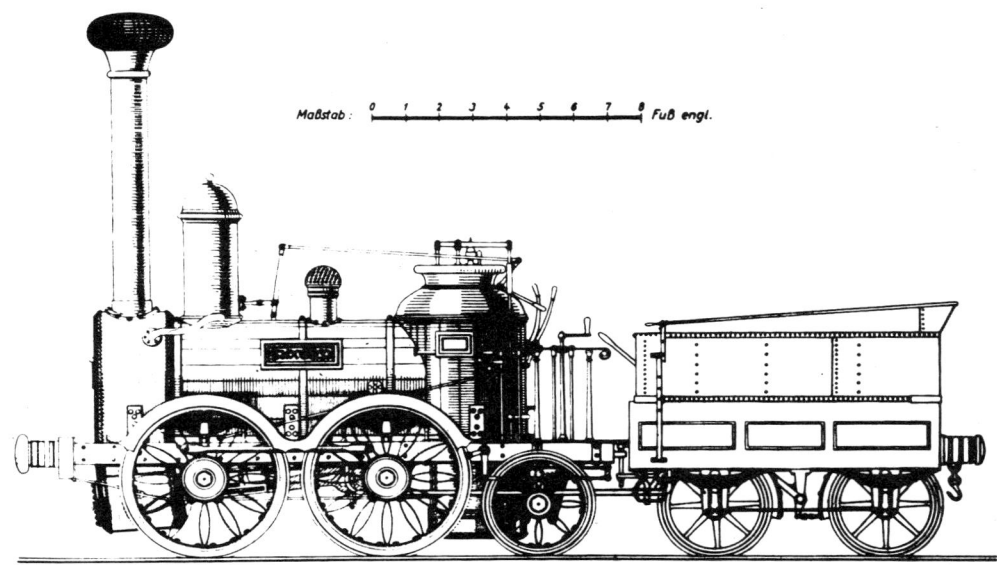

Maßskizze der SAXONIA nach der Blaupause von Schuberts Sohn Willy

In der zweiten Generalversammlung am 15. Juni 1836 hatte die Leipzig-Dresdner Eisenbahn-Compagnie der Hoffnung Ausdruck verliehen, daß künftig die einheimischen Maschinenwerkstätten dahin streben mögen, eigene Lokomotiven zu bauen. Das war in mehrfacher Hinsicht nötig. Einmal waren die Direktoriumsmitglieder der Bahn-Gesellschaft und die Industrie-Unternehmer oft identisch – zumindest gehörten sie derselben Klasse und somit derselben wirtschaftlichen Interessengemeinschaft an – und zum anderen klagten die sächsischen Maschinenbauanstalten und erzgebirgischen Hammerwerke darüber, daß sie bislang nicht zu Lieferungen für den Eisenbahnbau herangezogen wurden.Just zur gleichen Zeit, 1836, war in Dresden der „Actien-Maschinenbau-Verein" gegründet worden; er eröffnete am 1. Januar 1837 in Uebigau eine Fabrik. Direktor dieser Maschinenbauanstalt wurde Andreas Schubert, Professor am Polytechnikum in Dresden.

Schubert hatte die Möglichkeit, wiederholt die COMET (siehe Bild 4.1.) aus nächster Nähe zu betrachten. Sie war 1835 von der Firma Rothwell in Manchester gebaut, im November 1836 nach ihrer Anlieferung aufgebockt zur Schau gestellt und nach der Probefahrt am 28. März 1837 in Posthausen als Arbeitszuglokomotive eingesetzt worden. Im März 1838 wurde sie in Machern zerlegt, nach Dresden geschafft, dort in aller Eile von Schubert und seinen Mitarbeitern in allen Einzelteilen vermessen und aufgenommen, vom englischen Lokomotivführer Robson wieder zusammengebaut und hernach als Arbeitszuglokomotive auf der Dresdener Seite des Streckenbaus eingesetzt.

Die COMET hatte, wie auch DER ADLER, als frühe englische Lokomotive eine nur kleine Rost- und Heizfläche. Sie entsprach 1838 bereits nicht mehr den gestiegenen Leistungsanforderungen und konnte somit nur allgemeine Grundlagen für einen Lokomotivbau in Uebigau vermitteln. In ihrer Leistungsschwäche ist auch der Grund für den alleinigen Baustelleneinsatz zu sehen. Im Streckendienst trat sie nur einmal als Reservelokomotive in Erscheinung, als bei der Eröffnungsfahrt an einer der beiden Maschinen des zweiten Zuges ein Schaden auftrat. Wahrscheinlich hat Schubert noch andere Lokomotiven, wie die BLITZ, besichtigt und vermessen.

Die Vermessung der COMET hatte im Mai 1838 stattgefunden. Es ist kaum zu fassen, daß bereits sieben Monate später, Anfang Dezember 1838, Schuberts SAXONIA die Probefahrt antrat. Diese extrem kurze Zeit für eine Werkstatt, die insgesamt erst ein Jahr bestand und für die der Lokomotivbau etwas absolut unbekanntes war, läßt darauf schließen, daß sich Schubert schon vorher eingehend mit den konstruktiven Merkmalen englischer Lokomotiven beschäftigt haben muß und die Vermessung der COMET nur noch der Bestätigung eigener Erkenntnisse diente. Darüber hinaus müssen konstruktive Gestaltung und Bauausführung eng verflochten gewesen sein. Doch ohne Schuberts Können hätte es für diese Höchstleistung keine Basis gegeben.

Das Laufwerk

Die Wahl einer B1-Achsfolge dürfte von Schubert nicht nur getroffen worden sein, weil die COMET auch eine B-Achsfolge hatte. Der Gedanke, damit eine bessere Kraftübertragung auf die Schiene zu realisieren, liegt nahe, obwohl diese Frage bis dahin in der Literatur nicht diskutiert worden war. Außer Bury in Liverpool und Rothwell in Manchester bauten alle übrigen englischen Firmen nach dem Vorbild Stephensons ausschließlich 1A1-Lokomotiven. Auch die Leipzig-Dresdner Eisenbahn-Compagnie hatte sie bezogen und für 1838 bestellt. Schubert war in der Stützung des überhängenden Stehkessels durch eine Laufachse den englischen Lokomotivbauern voraus. Erst 1842 wurden die Rothwell-Maschinen COMET, FAUST, BLITZ und WINDSBRAUT nachgerüstet, um die Laufeigenschaften zu verbessern; denn auch bei den 1A1-Lokomotiven hatte sich die hintere Stehkesselabstützung bewährt. Die Vorsicht Stephensons, wegen des anstandslosen Befahrens von Gleisbogen die Spurkränze des Treibradsatzes entfallen zu lassen, teilte Schubert nicht. Er führte alle Radsätze mit Spurkränzen aus.

Die Radsätze selbst waren starr im Rahmen gelagert. Der Achsstand zwischen erstem und drittem Radsatz betrug 3048 mm und erreichte damit den

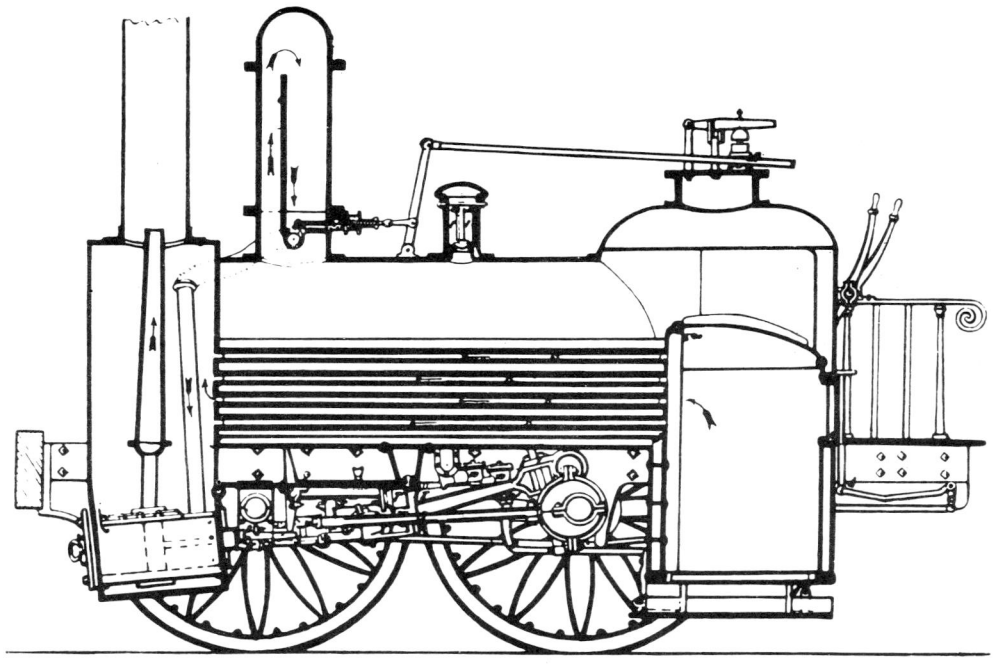

Schnitt der SAXONIA ohne Schleppachse.
Aus: Helmholtz; Staby

der 1A1-Lokomotiven mit etwa 3200 mm. Die COMET hatte hingegen nur einen Achsstand von 1524 mm.

Warum 1840 bei der SAXONIA die Laufachse ausgebaut wurde, ist nicht nachweisbar und unverständlich. 1842 hat man sie, zusammen mit der Nachrüstung der englischen Maschinen, wieder eingebaut. Ein zwingender Grund dafür könnte die zunehmende Angst vor einem Achsbruch zweiachsiger Lokomotiven gewesen sein, zumal die Treibachse infolge ihrer Kröpfung hoch beansprucht war. Nahrung erhielten diese Befürchtungen durch den Unfall im Mai 1842 auf der Strecke Paris – Versailles. Hier war an einer 1A-Maschine eine Achse gebrochen, ob durch eine Entgleisung oder ob Entgleisung durch Achsbruch ist nicht aufgeklärt worden. Jedenfalls sind bei der Leipzig-Dresdner Compagnie von den acht B-Maschinen jene für den Personenzugdienst mit einem Laufradsatz nachgerüstet worden, und zwar so, daß jederzeit ein Rückbau erfolgen konnte. Auf die Umrüstung der Güterzuglokomotive wurde zugunsten der Reibungsmasse verzichtet.

Bei den Rädern hat sich Schubert an Bury orientiert, der die Speichen aus Schmiedeeisen herstellte und sie in die Nabe und den Radkranz eingoß (siehe Bild 3.3.). Er selbst äußerte sich hierzu wie folgt:

„Nachdem die Speichen eines Rades geschmiedet und gebogen sind, werden sie in die Nabe eingegossen, und der äußere Umfang wird zirkelrund gedreht. Auf diesen Umfang selbst wird nun ein Reifen von Schmiedeeisen mit einer eingedrehten Fuge zur Aufnahme der Speichen rotwarm aufgezogen, und auf diesen Reifen kommt erst der sogenannte fire (Radreifen mit Spurkranz; H. Sch.)."

Diese komplizierte Technologie und die hohe Beanspruchung der Räder durch den mangelhaften Oberbau veranlaßten Schubert, die Räder gießen zu lassen. Der Kuppelraddurchmesser betrug 5 Fuß = 1524 mm, der Laufraddurchmesser $3^1/_4$ Fuß = 990 mm. Vor außerordentliche Probleme stellte die Uebigauer die Kröpfachse. Sie waren fertigungstechnologisch nicht in der Lage, die Welle aus einem Stück zu schmieden. So blieb nur der Weg, die Achse des Treibradsatzes aus Einzelteilen zusammenzusetzen und immer wieder im Feuer zu bearbeiten. Schubert schreibt:

„Dabei wurden 4 bis 6 speziell für diesen Zweck geschmiedete Platten zusammengeschweißt (Feuerschweißung; H. Sch.) und die Außenschenkel und die Mitte unter dem Hammer gestreckt. Nach ein- oder mehrmaligem Ausglühen hobelte man dann die Kurbelzapfen unter der Stoßmaschine aus, erwärmte die Achse und verdrehte die Zapfen gegeneinander." Für die gerade Kuppel- und die Laufachse wurden um ein dickes Rundeisen Stäbe aus *„sehmigen Eisen"* gewickelt, im Schweißofen erhitzt und unter dem Dampfhammer zu einer sogenannten Bündelachse geschmiedet.

Die Lagerung der Achsen erfolgte in Gleitlagern, die Abfederung durch obenliegende Blattfedern ohne Ausgleichhebel.

Der Rahmen

Mit der Entscheidung für ein B1-Laufwerk war auch die Frage Außen- oder Innenrahmen entschieden. Schubert wählte einen Holzfutterrahmen mit Tragelementen zur Aufnahme der Kreuzkopfgleitbahnen. Die Achshalter wurden eingenietet. Obwohl sich Schubert in der Form stark an den Barrenrahmen von Bury anlehnte, konnte er einen solchen wegen fehlender schmiedetechnologischer Voraussetzungen nicht herstellen.

Querversteifungen erhielt der Schubertsche Innenrahmen durch die vordere Pufferbohle, durch die hintere Kuppelbohle, durch die Verbindung mit der Rauchkammer und den Stehkessel und durch die Querstreben zur Aufnahme der Zylinderblöcke. An der Stelle, wo der Rahmen den durchhängenden Stehkessel aufnimmt, sind dem Radius des Kessels entsprechende Einschnürungen in der Rahmenwange vorgenommen worden.

Der Kessel

Als Stehkessel verwendete Schubert nach dem Vorbild der COMET einen senkrechten Zylinder mit gewölbtem Deckel. Der von Stephenson schon seit einigen
Jahren gebaute viereckige Stehkessel mit halbrunder Decke wies fertigungstechnologisch einige Probleme auf. So mußten die Stehkesselseiten an den Ecken mit
aufgesetzten Winkeleisen genietet werden. Das führte häufig zu Undichtheiten.
Andererseits erbrachte die Ausbildung der Stehkesseldecke als Rundkuppel
eine beträchtliche Vergrößerung des Dampfraumes. So ging auch Stephenson
unter Beibehaltung seines viereckigen Stehkessels 1838 zur aufgesetzten Vier-
seitkuppel über. Ein Dampfdom, wie er auf den Stehkesseln einiger 1A1-Loko-
motiven zu finden war, entfiel dadurch.

Die Lokomotiven von Rothwell – so auch die COMET – verwendeten den zylindrischen Stehkessel Bauart Norris mit verringerter Bauhöhe. Schubert hingegen übernahm die Bauart Norris original.

Den Langkessel der SAXONIA legte Schubert mit 88 kupfernen Heizrohren
bei 41 mm Durchmesser und 2120 mm Länge zwischen den Rohrwänden größer
aus als den der COMET, blieb aber mit 24,2 m² Heizfläche unter der der B-Maschinen BLITZ und WINDSBRAUT von Rothwell mit 28,5 m² und auch unter
der einiger 1A1-Maschinen, die bereits bis zu 31 m² Heizfläche besaßen. Auch
die Rostfläche der SAXONIA blieb mit 0,56 m² beträchtlich unter der einiger
englischer Vorbilder, die schon 0,76 bis 0,79 m² erreicht hatten.

Bedingt war die Enge durch den begrenzten Durchmesser des Stehkessels, der
ja zwischen die Rahmenwangen passen mußte. Und da die Rostfläche maximal
die Hälfte der Kreisfläche des Stehkesselquerschnittes einnehmen kann, läßt sie
sich nicht beliebig erweitern.

Neu war der auf dem vorderen Langkessel befindliche Reglerdom mit Flachschieberregler, außen liegendem Einströmrohr und Reglerzuggestänge. Das außenliegende Einströmrohr war zwar fertigungstechnisch bequemer, brachte aber
Wärmeverluste.

Die Rundkuppel des Stehkessels schloß mit einer aufgeschraubten Deck-
platte ab, auf der die Dampfpfeife und ein Federwaageventil mit einer Skala zum
Anzeigen des Dampfdruckes montiert waren. Das federbelastete Sicherheitsventil in der Mitte des Langkesselscheitels war domartig verkleidet. Es hatte einen
Einstelldruck von 4,2 bar.

Die kupferne Feuerbüchse hatte einen halbrunden Querschnitt, eine ge-
wölbte Decke mit Versteifungen und war von allen Seiten wasserumspült. Mit

Feuerbüchse von Bury, 1836.
Aus: Civilingenieur

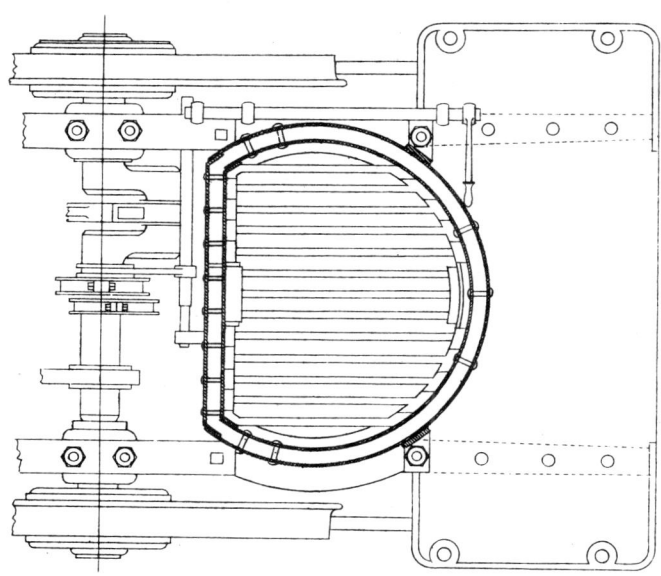

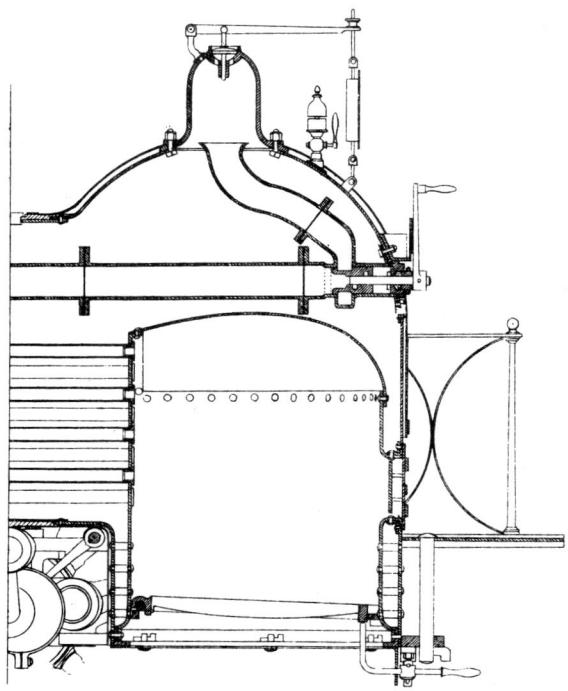

dem Stehkessel war sie vor allem im unteren vorderen Teil (wo der Stehkessel eine flache Wand bildet) durch Stehbolzen verankert. Das Feuerloch befand sich dicht über dem Fußbogen des Führerstandes.

Eine wesentliche Verbesserung gegenüber den englischen Maschinen war der fest mit dem Aschkasten verbundene abklappbare Rost. Er hing an zwei Gelenken und konnte mit einer Kurbel über ein Schneckengetriebe und auf Rollen laufende Ketten abgesenkt werden. Auf diese Weise ließ sich im Gefahrenfall auch während der Fahrt augenblicklich das Feuer vom Rost entfernen.

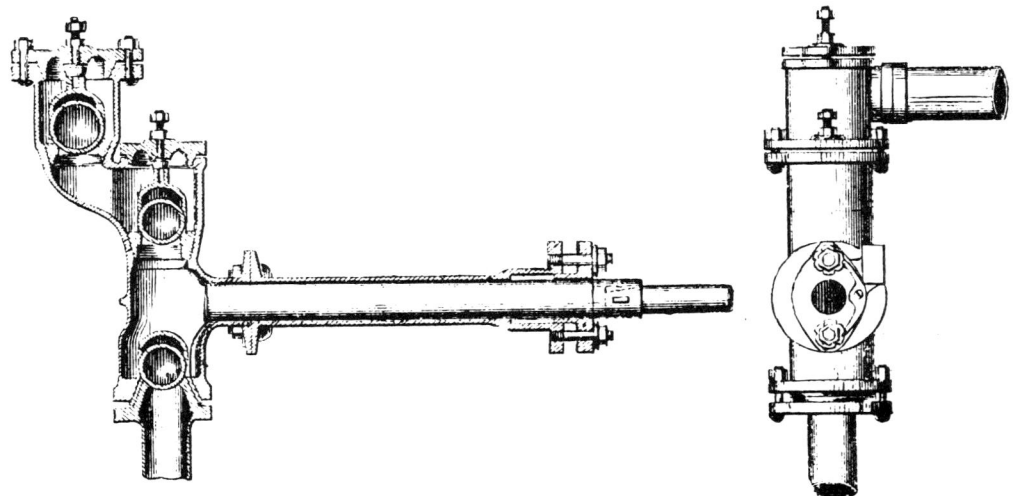

Plungerpumpe mit langem Hub englischer Lokomotiven um 1838. Um die Druckventile nachsehen und reinigen zu können, wurde in die Druckleitung häufig ein Absperrhahn eingebaut. Der obere Kugelverschluß schützte die Pumpe vor dem Kesseldruck.
Aus: Helmholtz; Staby

Zwei an der Kolbenstange angelenkte Kolbenpumpen (langhubige Plungerpumpen) versorgten den Kessel während der Fahrt mit Speisewasser. Der Wasserzufluß konnte durch einen Hahn am Tender geregelt bzw. völlig abgesperrt werden.

Die kurze Rauchkammer mit dem weit in den Schornstein hineinragenden Blasrohr war am Langkessel angenietet. Frontal war die Rauchkammer durch eine rechteckige Tür zugänglich. Der Kessel war am Rahmen auf beiden Seiten durch je drei angeschraubte Stützen befestigt.

Eine von Schubert gegenüber den englischen Lokomotiven angebrachte Verbesserung war der Funkenkorb auf dem Schornsteinkopf. Er sollte durch Funkenwurf entstandene Brände künftig verhindern. Ob der sehr lange Schornstein mit dem weit hineinragenden Blasrohr und dem zusätzlichen Funkenkorb die Feueranfachung beeinträchtigte, ist nicht bekannt geworden. Überliefert sind jedoch Beschwerden über einen hohen Brennstoffverbrauch der SAXONIA. Sie könnten durchaus eine Ursache im ungenügenden Saugzug gehabt haben.

Als Verbesserung ist der hohe, schmale Reglerdom mit einer Schottwand für die Dampfführung zum Regler zu werten. Dadurch wurde bei starker Dampfentnahme ein Wasserüberreißen zumindest gemindert.

Zur Isolation gegen Wärmeabstrahlungsverluste war der Kessel mit Holz verkleidet. Die Leisten wurden von Metallreifen zusammengehalten.

Schuberts Lokomotivkessel war in seinen Grunddaten hinsichtlich des Verhältnisses Dampfraum zu Wasserraum sowie indirekte Heizfläche zu Strahlungsheizfläche nicht optimal ausgelegt (was gleichfalls zum hohen Brennstoffverbrauch beigetragen haben mag). Vermutlich ist Schubert von den Erfahrungen im Schiffskesselbau ausgegangen, für den eine solche Bemessung wegen der über lange Zeit gleichmäßigen Dampfentnahme ausreicht. Im Lokomotivbetrieb hingegen wechselt die Dampfentnahme häufig und stark zwischen Null und maximaler Belastung, erfordert eine größere Kesselreserve, die bei den geringen Wasserraum des SAXIONIA-Kessels nicht gegeben war.

Das Triebwerk

Obwohl es bereits Lokomotiven mit außenliegenden Triebwerken gab (so auch die ROCKET), verwendete Schubert – wie Bury und Rothwell bei ihren B-Maschinen – ein innen liegendes Triebwerk. Das innenliegende Triebwerk ist seiner Natur nach ein Erfordernis für Außenrahmenlokomotiven. Daß es auch für Innenrahmenlokomotiven Verwendung fand, hat fertigungstechnische Ursachen: Eine gekröpfte Welle für die Treibachse zu schmieden wurde zu jener Zeit besser beherrscht als Kurbelzapfen an den Rädern der Treibachse anzubringen, die ja als Rippengußräder hergestellt wurden. Ferner beanspruchten außenliegenden Triebwerke den Rahmen sehr stark. Bei den innenliegenden Triebwerken hatte man dieses Problem durch zusätzliche Hilfsrahmen zwischen Rauchkammer und Stehkessel gelöst.

Die Nachteile aus der nach englischem Vorbild gewählten tiefen Zylinderlage sind aus Bild 6.0 gut zu erkennen. Der große, nach unten gezogene Abstand zu Rahmen und Kessel beanspruchte die unteren Rauchkammerbleche

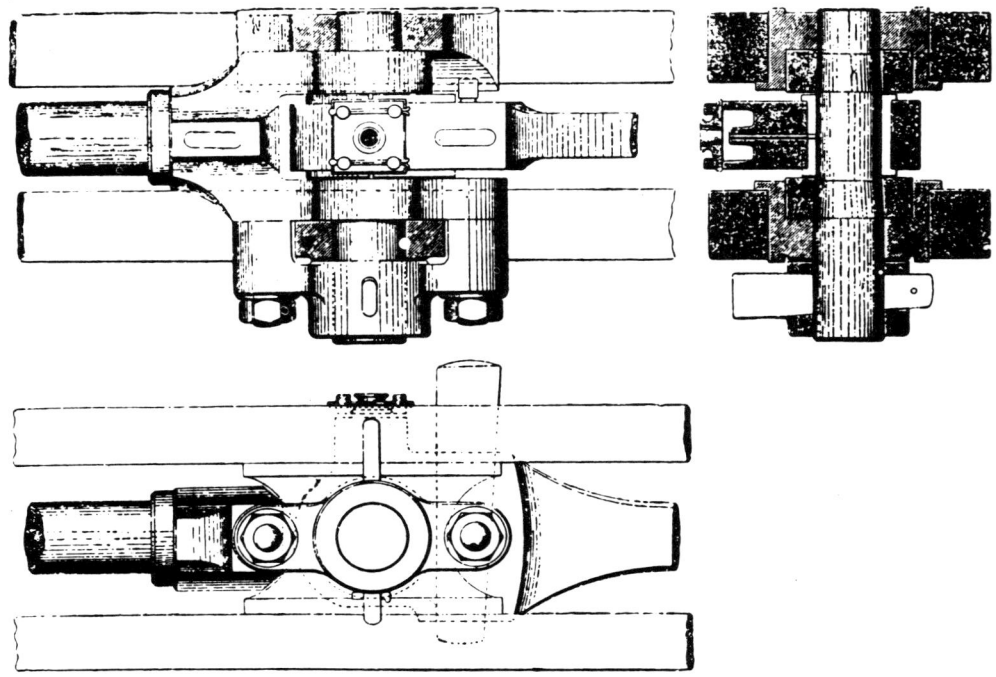

Geradführung mit vier Gleitbahnen.
Aus: Helmholtz; Staby

Treibstange von Stephenson. Aus: Helmholtz; Staby

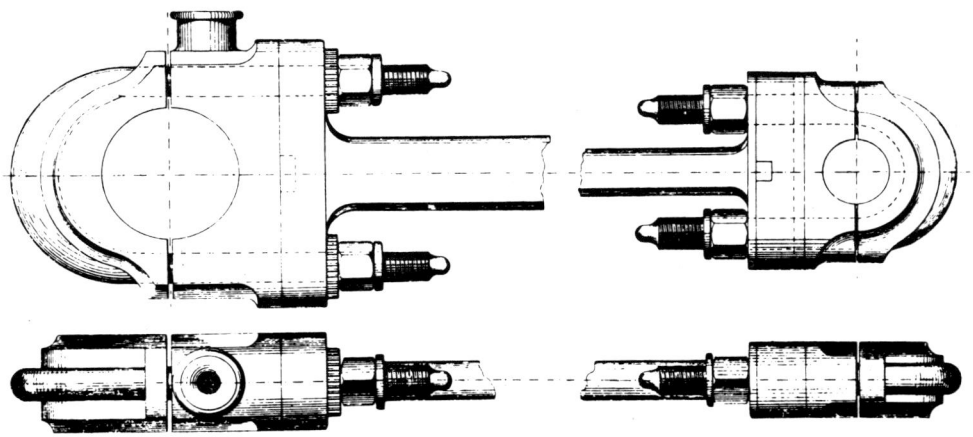

hoch. Zudem mußten für einen Ausbau des ersten Kuppelradsatzes alle Teile des Kurbeltriebes einschließlich Kolben und Kreuzkopfgleitbahn demontiert werden. Folgen waren Beschädigungen an Rauchkammer und Rahmen. Die nach vorn unten geneigten Zylinder hatten ferner den Nachteil, daß sich beim Vorwärmen hinter den Kolben Kondensat sammelte, was bei unvorsichtigem Anfahren zu Schäden am Kolbendeckel führen konnte.

Zylinderdurchmesser (279 mm) und Kolbenhub (406 mm) entsprachen denen der COMET. Obwohl bereits Lokomotiven mit 457 mm Kolbenhub bei gleichem Treibraddurchmesser und mit 610 mm Hub bei kleinerem Treibraddurchmesser (und damit einer größeren Leistung am Radumfang) im Einsatz waren, ging Schubert im Hinblick auf die Kesselleistung kein Risiko ein.

Die Kolben mit einseitiger Kolbenstange besaßen drei im Stoß zueinander versetzte Kolbenringe aus Grauguß. Die Kolbenstange wurde in der Tragbuchse mit einer Hanf-Graphit-Packung abgedichtet.

Die horizontale Geradführung erfolgte für jeden Kreuzkopf in je zwei seitlich angeordneten Gleitbahnen, die am Zylinderblock und an einer Rahmenquerversteifung befestigt waren. Diese Geradführung mit vier Gleitbahnen hatte sich bewährt; sie ermöglichte eine einfache Gestaltung des Kreuzkopfes, verlangte aber einen genauen Einbau der Gleitbahnen. Auch die Nachregelung bei Verschleiß war schwieriger als bei dem später in zwei Gleitbahnen geführten Kreuzkopf.

Die in leichter Fischbauchform ausgebildeten runden Treibstangen trugen an den Enden nachstellbare Schnallenkopflager, die eine bequeme Montage an den Kurbelzapfen ermöglichten. Beide Dampfzylinder arbeiteten auf den zweiten Kuppelradsatz mit zweifach gekröpfter Achswelle.

Die Steuerung

Nach Angaben von Staby und Helmholtz hatte die SAXONIA wie die DER ADLER der Nürnberg-Fürther Ludwigsbahn eine Handsteuerung. Obwohl Schubert die von Norris eingeführte Einexzenter-Gabelsteuerung und die 1836 von Hawthorn entwickelte Zweiexzenter-Gabelsteuerung bekannt gewesen sein müßten, hat er sich an der alten, komplizierten, von Stephenson verwendeten Steuerung orientiert, die auch die COMET noch besaß. Bei der SAXONIA lagen die Schieberkästen jedoch nicht mehr über, sondern waren seitlich zwischen den Zylindern angebracht. Damit befanden sich die Schieberschubstangen (Exzenterstangen) in gleicher Arbeitshöhe mit den Treibstangen. Schubert umging damit das Problem des eingeschränkten Bewegungsraums durch die erste Kuppelradsatzachswelle und führte die Exzenterstangen wie die Treibstangen unter die Achswelle hindurch zum Exzenter auf der Treibradsatzachswelle.

Die komplizierte Bedienung beim Anfahren oder beim Fahrtrichtungswechsel erfolgte, wie schon früher beschrieben, mittels der auf der linken Führerstandseite befindlichen Bedienhebel. Mit den englischen Lokomotiven hatten die ersten deutschen Eisenbahnen auch die englische Linksfahrordnung
übernommen, derzufolge der Lokomotivführer auf der linken Seite des Führerstandes stand.

Die Steuerung war eine Volldrucksteuerung mit Flachschiebern, bei der die
Dampfdehnung so gut wie nicht genutzt wurde. Die feststehende Füllung betrug 80 bis 85 Prozent. Die Flachschieber wurden von den Exzentern über die
Schieberschubstangen direkt angetrieben. Das Ändern der Fahrtrichtung erfolgte durch Verdrehen beider Exzenter um je 180°, so daß aus einer 90°-Vor-
eilung gegenüber der Treibkurbel bei Vorwärtsfahrt eine 90°-Nacheilung für
die Rückwärtsfahrt entstand.

Die Flachschieber waren Muschelschieber mit Außeneinströmung, die bei
Dampffahrt durch den Dampfdruck und durch eine Schleppfeder auf den
Schieberspiegel gedrückt wurden. Im Leerlauf hielt sie nur die Schleppfeder
auf dem Spiegel. Die Schiebermuschel war in einen Rahmen eingehängt oder
eingelegt, der das Ende der Schieberschubstange bildete.

Die zur Bauzeit der SAXONIA beschafften englischen Lokomotiven waren
bereits mit einer von Hawthorn konstruierten Zweiexzenter-Gabelsteuerung
(also vier Exzenter insgesamt) ausgerüstet. Sie konnten sofort bei Stillstand
umgesteuert werden, kosteten dafür aber auch 2000 Reichsthaler mehr als
ihre Vorläuferinnen.

Schwingensteuerung von Stephenson, die er 1847 für den Umbau der
Lokomotive RHEIN entwickelte. Die gleiche Lösung wurde für den Nachbau der
SAXONIA verwendet.
Aus: Helmholtz; Staby

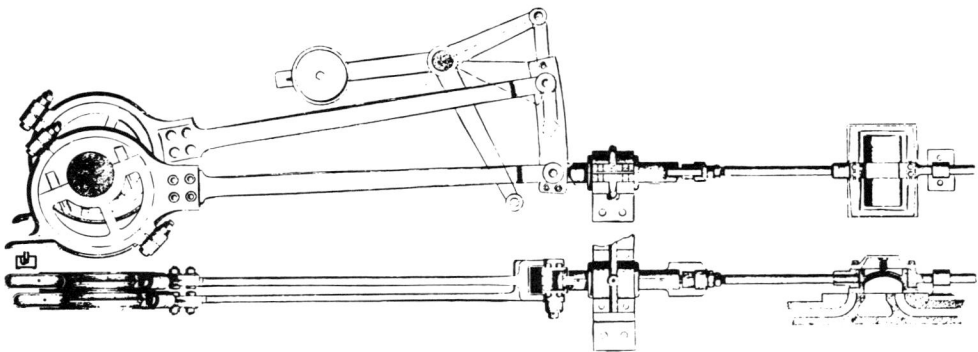

Der Tender

Die Leipzig-Dresdner Eisenbahn-Compagnie hatte bis 1838 bereits 16 Lokomotiven beschafft. Nicht in jedem Fall hatten die Lokomotivfabriken einen
Tender mitgeliefert. Tender wurden vielmehr auch von anderen Firmen bezogen oder im Eigenbau hergestellt. So ist kein exakter Nachweis möglich, ob
Schubert für die SAXONIA auch einen Tender nach dem Vorbild der
COMET gebaut hat. Er selbst schrieb: „Bei dem in neuester Zeit in Übigau
erbauten Lokomotiven mit Tender hat man sich nach einem englischen Loko-
motiv und Tender als Muster gerichtet." Woraus zu schließen wäre, daß er
auch den Tender baute. Andererseits aber waren die Tender nicht an eine be-
stimmte Lokomotive gebunden, sondern frei tauschbar. Der der SAXONIA
beigestellte Tender glich jedenfalls den zeitgenössischen englischen Tendern
aufs Haar.
 Der hufeisenförmige Wasserkasten aus genieteten Tafelblechen ruhte auf
einem hölzernen Fachwerkrahmen. Der Koks lagerte in der Mitte und wurde
von der zum Führerstand hin offenen Seite entnommen.
 Die beiden Tenderradsätze mit außenliegenden Achslagerzapfen wurden
von angeschraubten Achshaltern aus Blech geführt und besaßen Gleitlager,
auf denen sich über obenliegende Blattfedern der Tender abstützte.
 Da die Lokomotiven zu jener Zeit keine Bremsen hatten, war auch der Tender der SAXONIA mit einer von innen einseitig auf alle vier Räder wirken-
den Klotzbremse ausgerüstet. Der lange Bremshebel lag außen auf der rechten (Heizer-) Seite. Die Kraftübertragung auf die Bremsklötze erfolgte über
zweiarmige Kniehebel. Die Bremswelle, mit der der Bremshebel und die Kniehebel für die vorderen und hinteren Räder fest verbunden waren, lag parallel
zwischen den beiden Radsatzachswellen.

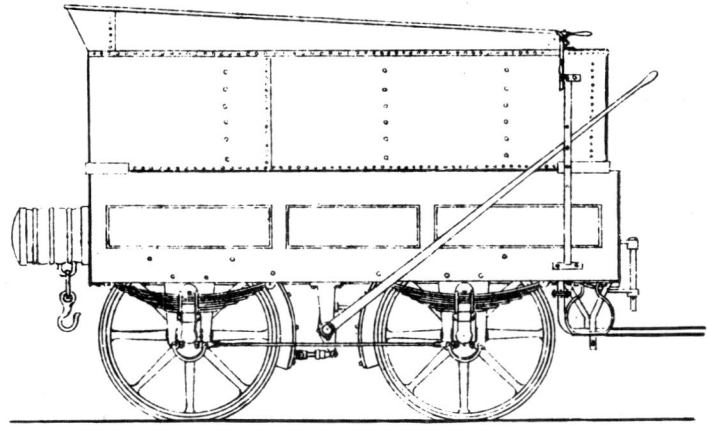

Tender englischer
Lokomotiven von
1836 bis 1838.
Aus: Helmholtz;
Staby

Der Wasseranschluß zur Lokomotive konnte mit einem vom Führerstand aus bedienbaren Absperrhahn am Tender geöffnet und geschlossen werden. Damit wurde gleichzeitig die Wasserzufuhr zum Kessel geregelt.

Die mechanische Verbindung zwischen Lokomotive und Tender erfolgte mittels Kuppeleisen und Bolzen. Zusätzlich waren zwei Sicherungsketten angebracht. Der Spalt zwischen Führerstand und Tender war nicht abgedeckt.

Da der Kessel nicht fortlaufend nachgespeist wurde, richtete Schubert eine Tenderwasserwärmevorrichtung mittels Dampf ein. Einmal wollte er durch das Vorwärmen ein zu starkes Absinken des Kesseldrucks beim Nachspeisen vermeiden, zum anderen wollte er einem Einfrieren des Tenders und der Speisezuleitung im Winter vorbeugen. Bei den englischen Lokomotiven, die eine solche Vorwärmanlage nicht hatten, waren im Winter längere Aufenthaltszeiten auf den Zwischenstationen zum Wasseraufwärmen und damit verlängerte Fahrzeiten unvermeidbar.

Die Tenderpuffer waren – wie bei der Lokomotive – starre Holzpuffer mit ledergepolsterter Stirnseite.

Die Bremse

Englische Lokomotiven besaßen zur Zeit des SAXONIA-Baues keine Bremse, sondern mußten über den Tender gehemmt werden. Da die Maschinen bei Reparaturen aber in der Regel vom Tender getrennt wurden, war es schwierig, sie beim Verfahren festzuhalten. Und da es Schubert fahrdynamisch günstiger erschien, die Lokomotivmasse im Zugbetrieb direkt abzubremsen, unternahm er den Versuch, die SAXONIA mit einer Lokomotivbremse auszurüsten. Die Lokomotive erhielt über die obere Hälfte des Radumfangs der Treibradsatzräder gelegte Blechstreifen. Diese wurden über Winkelhebel, Gestänge und eine am Rahmenende befindliche Bremswelle auf der rechten Führerstandseite vom Heizer durch einen Bremshebel auf die Lauffläche gespannt. Warum Schubert hier nicht die am Tender gebräuchliche Klotzbremse verwandte, bleibt unverständlich; zu vermuten ist, daß er sich mit der größeren Reibfläche der Bandbremse höheren Gewinn an Bremskraft versprach.

Der hohe Verschleiß der Bremsbänder führte bald zum Ausbau der Bandbremse. Kurze Zeit später erfuhren die Tenderbremsen eine spürbare Verbesserung durch die Erfindung der Spindelhandbremse, mit der eine höhere und gleichbleibende Bremskraft erzeugt werden konnte.

Der Gesamtaufbau

Die Beschreibung des Gesamtaufbaus der einsatzbereiten Lokomotive soll an-
hand eines Originalberichts der Leipzig-Dresdner Eisenbahn-Compagnie erfolgen:

„*Die SAXONIA ist ein sechsrädriges Locomotiv. 4 Räder werden von der Maschine
getrieben, die 2 kleineren hintersten sind nur die Schwere der Maschine zu erleichtern bestimmt, und stehen mit den 4 vorderen in keiner weiteren Verbindung. Die Räder der
SAXONIA haben 5 Fuß Durchmesser und 15¾ Fuß Umfang, sind mit Kappen über-
deckt und können gebremst werden, wozu folgende Einrichtung da ist (Fig. 57): bei B
steht der Maschinist, g ist der Griff der Bremse, welcher bei h mit dem Winkel-Hebel i
in Verbindung steht, durch dessen Vermittlung die Bremse h, wenn der Hebel verkürzt
wird, sich an das Rad anlegt und sein Umdrehen erschwert. C ist der Ofen (Firebox) in*

Die Bauteile der SAXONIA, ihre Anordnung und Funktion.
Figur 57 zu nebenstehendem Text. Deutsches Museum München

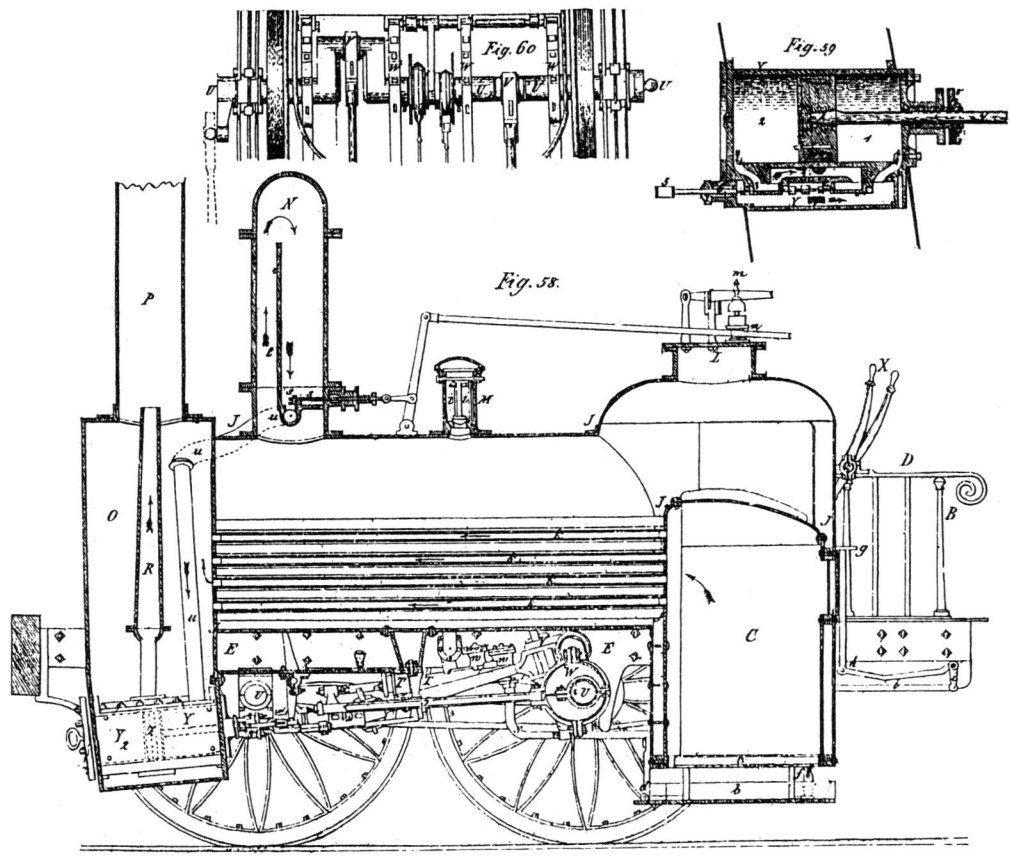

Die Bauteile der SAXONIA, ihre Anordnung und Funktion.
Figuren 58 bis 60 zu nebenstehendem Text. Deutsches Museum München

demselben befindet sich der Rost b c d f; die Kurbel a bei D ist eine eigenthümliche Ein-
richtung, um das Herausnehmen der Roststäbe überflüssig zu machen; sie dreht die
Schnecke e, diese ein Räderwerk, vermöge dessen die Kette f den ganzen Feuerheerd her-
abläßt, wodurch das Feuer bequem herabgenommen werden kann. In der Durchschnitts-
zeichnung Fig. 58 bezeichnen dieselben Buchstaben dieselben Gegenstände; in derselben
ist das dritte Rad absichtlich mit dem Heerde weggelassen worden. E ist der Rahmen,
welcher fest ist und sich nur bei Stößen bewegt; F sind die Federn, welche die Maschine
tragen, sie haben eiserne Stangen G welche auf der Axe ruhen, bekommt das Locomotiv
einen Stoß, so heben diese Stangen die Federn in die Höhe, und letztere verhindern die
Fortpflanzung desselben auf die Maschine. Die Rahmen sind bei H an den Kessel befe-
stigt.
Der mittlere Theil des Kessels ist 7 Fuß lang. 90 Röhren $1^1/_2$ Zoll (2 Zoll engl.)

dick, sind in seine Wände (der Länge nach) eingesetzt (K in Fig. 58). Das Feuer und die heiße Luft gehen durch diese Röhren, um das im Kessel befindliche Wasser zu erhitzen und in Dampf zu verwandeln. Sie sind in der Regel von Kupfer und müssen immer mit Wasser bedeckt sein; weil sie sonst verbrennen oder vom Dampfe eingedrückt werden. In sollen Fällen brechen sie gewöhnlich an den Stellen, wo sie eingesetzt sind, lassen Wasser, und löschen das Feuer, wodurch die Maschine stehen bleiben muß.

Die Wände des Feuerbehälters sind doppelt und enthalten Wasser, um auch die sich daselbst entwickelnde Wärme zu benutzen. Der Thurm I. enthält dasjenige Sicherheitsventil, zu welchem der Maschinist gelangen kann. Im Thurme M befindet sich das andere, wozu man nicht kommen kann. Diese Sicherheitsventile sind nicht mit Gewichten belegt, sondern eine Feder I hält sie zu; sobald der Dampf eine Spannung von 50 Pfd. auf den Zoll erlangt hat, kann diese Feder dem Drucke der Dämpfe nicht mehr widerstehen und die Dämpfe heben das Ventil und entweichen in die Luft. m ist die Signalpfeife welche bei Oeffnung des Hahnes n den durchdringenden weit zu hörenden Ton angiebt. Statt des bei der Bewegung immer unsichern Manometers (Elaterometers) von Quecksilber (dessen Oberfläche beim Fahren nicht ruhig steht) hat man bei o die Scala angebracht, indem die Feder I einen Zeiger hat, der bei seinem Auf- und Niedergehen die Kraft der Dämpfe anzeigt, weil der Hebel bei p fest ist, aber die Kolbenstange des Sicherheitsventils der Feder I den Druck der Dämpfe mittheilt. Der Thurm N ist noch Dampfbehälter in dem sich die Drosselklappe befindet. Der Hebel r nämlich, welcher bei D anfängt und nach mehrmaliger Beugung an den Thurm N gelangt, regiert das Drosselventil s. Dieses Drosselventil ist in unserer Durchschnittzeichnung halb offen und erklärt (wie früher gesagt wurde), den Ausdruck bei halb offener Klappe fahren. Dieses Ventil steht ganz in der Gewalt des Maschinisten, es sperrt den Dampf ab, bringt die Maschine zum stehen, und zwingt sie je nach dem es geöffnet wird zur größten Kraftäußerung die sie leisten kann. t ist eine Wand (Zunge) die verhindern soll, das bei dem heftigen Kochen des Wassers, nicht etwa Wasser zur Drosselklappe und dadurch in den Cylinder gelange. Bei u ist die Oeffnung der Dampfröhre zu, welche durch die geöffnete Drosselklappe die Cylinder mit Dampf versieht. Sie geht durch die Feuerkammer O und muß dabei noch einmal die Hitze die durch die Rauchröhren geht, aushalten. Ueber der Feuerkammer befindet sich die Esse P mit dem Siebe Q (Korbe, Krone), das letztere soll verhindern, daß glühende Koke, die bisweilen durch die Rauchröhren mit fortgerissen würde, nicht oben hinausfliege und die Passagiere und Waaren beschädige. Denn der Zug, der außerordentlich heftig sein muß, wird noch dadurch vermehrt, daß der im Cylinder gewesene Dampf (die Locomotive haben keinen Verdichtungsapparat) durch die Röhre R in die Esse geleitet wird.

Da der Kessel fortwährend durch Verdampfung an Wasser verliert, so ist die Druckpumpe T dazu da, um durch die Röhre S aus dem Tender (Munitionswagen) Wasser herbei zu pumpen; in v ist das Sauge-, in w 2 Druckventile, welche durch die an dem Cylinder-Kolbenstangengliede in x vorgestellte Pumpenstange bewegt werden. Beim Tender ist ein Hahn durch welchen dieser Wasserzufluß abgesperrt wird. U sind die

Achsen. Fig. 60 giebt eine Ansicht der hinteren im Grundrisse. V ist die Stelle wo der Krummzapfen sitzt. W ist das excentrische Stück, welches durch den Hebel X gedreht wird und so eine Aenderung des Kolbenspiels hervorbringt, wenn der Wagen rückwärts gehen soll. Der Cylinder Y ist in Fig. 59 besonders dargestellt. Wenn der Dampf in die Schieblade des Cylinders Y Fig. 59 kommt, so wird er bei 1 zu den Kolben treten, denselben zurückschieben, und den bei 2 befindlichen Dampf, der durch den Zug 3 bereits in die Oeffnung 4 gelangt ist, in die Röhre R, mithin in die Esse P treiben, wo er das Geräusch verursacht. Die excentrischen Scheiben W besorgen durch den Stab 5 die Steuerung, indem die Stange des Schiebladenventils 6 jetzt zurückgeschoben werden, mithin der bei 2 vor den Kolben Z enthaltene Dampf nach 4 entweicht, bei 7 kommt nun frischer Dampf zu den Kolben und schiebt den Kolben wieder fort, auf diese Art, da bei jedem Schube hin und her eine Radumdrehung erfolgt, wird das Locomotiv fortbewegt. 8 stellt die Stopfbüchse vor. Da jedes Locomotiv 2 Cylinder hat, so müssen die die in der Durchschnittszeichnung angegebenen Theile doppelt da sein, die im Grundrisse mit demselben Buchstaben und Zahlen bezeichnet sind.

Wir geben noch die ungefähre Behandlung des Locomotivs an. Sobald der Kessel im Bahnhofe mit (heißem) Wasser gefüllt ist, wird Feuer gemacht und so lange der Dampf abgeschlossen gehalten, bis die verlangte Spannung des Dampfes herbei geführt ist. Schnellerer Uebersicht wegen befindet sich vorne am Locomotiv ein Wasserglas 25, welches die Wasserhöhe angiebt, desgl. dienen dazu der Dampfhahn 9, der immer Dampf und der Wasserhahn 10, der immer Wasser geben muß, so wie das Manometer o. Hat der Dampf die verlangte Kraft, so giebt der Maschinist ein Zeichen mit der Pfeife m und läßt durch den Hebel r Dampf unter den Cylinder, wodurch die Bewegung, wie schon oben angegeben hervorgebracht wird. Will er anhalten, so sperrt er den Dampf ab.

Da die SAXONIA nur 2 Excentriqes hat, so muß um ein Rückwärtsfahren zu bewerkstelligen, jedesmal erst angehalten werden, dann wird das Kolbenspiel geändert durch Drehung des Hebels X, wodurch der Schieber 11 (Fig. 59) verschoben wird.

Die neueste Construction der englischen Locomotive, welche 12−15 000 Rthlr. kosten, ist etwas anders, indem der Kessel viel größer ist, über 100 (112 bis 115) Röhren hat (daher weit mehr gezogen wird), auch sind die Rahmen (E in Fig. 57) vor den Rädern, sie haben 4 excentrische Scheiben und sollen augenblicklich (doch wohl nicht bei vorhergehendem langen Fahren mit voller Kraft) das Kolbenspiel ändern und rückwärtsfahren können. Aber sie kosten allein an Zuthaten gegen 2000 Rthlr. mehr.

Aus der Zeichnung geht auch noch hervor, daß nur die hinteren größeren Räder Krummzapfen an den Achsen haben, die vorderen werden durch die Verbindungsstange 12 mit umgetrieben. Die Holzüberkleidung des Kessels von eisernen Reifen zusammengehalten, ist angedeutet.

Die SAXONIA wiegt ohne Tender 11 Tonnen (220 Ctr.), mit Tender und Wasser circa 15 Tonnen (300 Ctr.)."

Probefahrten, Eröffnungsfahrt und Einsatz der SAXONIA

Die kurze Bauzeit läßt darauf schließen, daß Schubert quasi am Eröffnungstag der Uebigauer Maschinenbauanstalt mit den technologischen Vorbereitungen des Baues der SAXONIA begann. Sicher war er von Anfang an bestrebt, die Lokomotive zur Eröffnungsfahrt bereit zu haben und den Eröffnungszug selbst zu fahren. Angesichts der voranschreitenden Arbeiten an der Strecke blieb ihm wenig Zeit.

Doch Schubert wie seine Mitarbeiter, die Techniker Tauberth und Schneider sowie die Arbeiter seiner Werkstatt, waren vom Erfolg überzeugt. Bereits Anfang Dezember 1838 fand auf dem fertigen Streckenabschnitt zwischen Neustadt und Weinböhla die erste Probefahrt ohne Zug statt. Von einer Probefahrt mit Zug am 8. Dezember 1838 berichtet der Dresdner Pfarrer Otto Friedrich Wehrhan als Teilnehmer:

„Anfangs rollt die Wagenlinie langsam dahin, und der qualmende Schornstein-Zylinder, der an der Spitze befindlichen Lokomotive stößt schnaubende Töne, gleich einer wilden Bestie, aus. Aber immer schneller laufen zugleich die Wagen dahin. Dabei findet sich auch in allmählicher Steigerung ein gellendes Gehämmer ein, geradeso, als wenn klingende harte Amboßschläge im Takte des Mühlengeklappers wiederholt würden, und welches so stark wird, daß man nur durch lautestes Schreien in die Ohren des Nachbars sich verständlich machen kann. So fliegt man wie in einem mit allen Gängen gehenden Mühlwerk dahin, besonders wenn die Neigung der Bahn etwas bergab geht, in solchem Schusse, daß alle Gegenstände am Wege, Menschen, Bäume, Wachthäuschen usw., nicht vorbeiziehen, sondern vorbeischwirren, und daß diejenigen, welche behaupten, man merke von der großen Geschwindigkeit wenig oder nichts, wohl die Qualität der Bewegung mit ihrer Quantität verwechseln. Aber man glaube nicht, daß eine solche Fahrt anfangs eine angenehme Empfindung verursache. Mir wenigstens, war, bis ich die Sache gewohnt war, unheimlich dabei zumute."

Nach Beseitigung einiger Mängel fand am 6. Februar 1839 eine weitere, sehr befriedigende Probefahrt statt. Der Winter hatte Schubert zudem weitere Erfahrungen vermittelt, so daß er davon überzeugt war, auch bei starkem Schneefall Fahrten durchführen zu können, notfalls müsse man Schneepflüge beschaffen.

Am 8. März 1839 erfolgte die letzte, entscheidende Testfahrt. Sie führte von Dresden bis Oberau. Die Hinfahrt dauerte für die 40 900 Ellen (etwa 21 Kilometer) lange Strecke 30,5 Minuten, die Rückfahrt 27,5 Minuten. Als Er-

Kirchweger, der Dresdner Maschinenmeister der LDE, gehörte zu denen, die Schuberts SAXONIA sabotierten. Technische Universität Dresden.

gebnis wurde ein Protokoll über die Betriebsbereitschaft der SAXONIA zur Eröffnung der Leipzig-Dresdner Eisenbahn verfaßt und der am 3. April 1839 tagenden Generalversammlung des Dresdner Aktien-Maschinenbauvereins vorgelegt. Das Protokoll über diese Versammlung vermeldet keinen Einspruch.

Schuberts Vorstellung, den Eröffnungszug der ersten deutschen Ferneisenbahn von der ersten deutschen Lokomotive ziehen zu lassen, ging nicht in Erfüllung. Im Gegenteil. Schon die Probefahrten hatten nur gegen mancherlei Widerstände der Compagnie stattfinden können. Neben den englischen Lokomotivführern John Robson und John Greener war es vor allem der Dresdner Maschinenmeister Kirchweger, der sich unrühmlich als Widersacher hervortat. Sicher war er auch verärgert, daß Schubert eine Erfindung Kirchwegers, den Kondensator (eine Art Speisewasservorwärmer; H. Sch.) nicht für die SAXONIA verwendet hatte.

Bekanntlich wurden die beiden Eröffnungszüge am 7. und 8. April 1839 zwischen Dresden und Leipzig von englischen Lokomotiven gezogen. Schubert war lediglich gestattet worden, mit seiner SAXONIA den Festzügen hinterdrein zu fahren, ohne Wagenzug. Diese Fahrt als Krönung eines Meisterwerkes kann nicht trefflicher als in folgendem Auszug aus einer Schubert-Biografie wiedergegeben werden:

„Man muß selbst einmal im Maschinenbau tätig gewesen sein, um jene Situation spannender Erwartung begreifen zu können, die den erfüllen, der eine recht schwierige, risiko- und umfangreiche konstruktive Arbeit beendet hat und sich auch mit ihrer praktischen Ausführung erfolgreich befaßte. Die fertige Maschine, das Resultat langwieriger konstruktiver Überlegungen und vieler Hände Werk, hat nunmehr zu beweisen, daß sie ihrem vorausbestimmten Zweck entspricht und einwandfrei arbeitet. Sie wird in Gang gesetzt, und ihre komplizierten Aggregate, Getriebe und was sonst noch zu ihr gehört, haben nunmehr mit dem ihnen eingeflößten Rhythmus zu zeigen, daß es dem Erbauer gelang, die Materie seinem Willen unterzuordnen und sein Werk zu zweckentsprechendem und nutzbringendem Leben zu erwecken. Angesichts des lebendigen und gelungenen, der Menschheit nützlichen Produktes seiner Gedanken, Berechnungen, Mühen und Sorgen drängt sich dann selbst dem sachlichsten und bescheidensten Konstrukteur jenes erhebende Gefühl auf, in dem sich Freude und Stolz vereinen. Die über 100 Kilometer lange erste große öffentliche Fahrt der „SAXONIA“ war ein solcher Moment. Aufmerksamen Ohres und mit wachsender Zufriedenheit werden Schubert und der Heizer den gleichmäßigen Gang der Maschine beobachtet haben, die keinen Augenblick versagte, aber immer wieder, zumal sie ohne Last fuhr, dazu neigte, das Tempo der vorausfahrenden Festzüge zu überbieten. Dann galt es sofort regelnd einzugreifen und die Fahrtgeschwindigkeit zu mindern. Auf dem Dresdner mit gußeisernen Profilschienen versehenen Streckenteil bewährten sich die über den Treibrädern liegenden, durch einen Fußhebel bedienbaren Bandbremsen der „SAXONIA“ besser als auf dem vor dem Dorfe Alten beginnenden Teil. Dort bestand die Strecke aus Gleisbäumen, die in Schwellen eingekeilt und mit aufgenagelten Schienen versehen waren. Da diese schon zum Teil krummgefahren waren und dadurch leicht Bolzen und Nägel abbrachen, mußten das Tempo verlangsamt und die handbediente Bandbremse benutzt werden.

Was anfangs der Menge der Zuschauer noch nicht bekannt war, sprach sich, gefördert durch die Ingenieurassistenten, Streckenwärter und Eisenbahnarbeiter, von Trakt zu Trakt rasch herum: Dem letzten der Festzüge folgte Prof. Schubert auf der von ihm in Uebigau gebauten ersten deutschen Lokomotive! Und stets brauste die Welle der Begeisterung dann noch einmal und verstärkt auf, wenn die „SAXONIA“ heraneilte. Jeden erfüllte es mit Stolz, daß es dem Dresdner Professor gelungen war, in Deutschland einen Dampfwagen zu bauen, der es selbst auf einer so langen Strecke wagte, mit den englischen Lokomotiven in Konkurrenz zu treten.“

Die Triumphfahrt von Dresden nach Leipzig war jedoch nur die eine Seite der Medaille. Den an der Aufrechterhaltung des englischen Eisenbahnmonopols interessierten Kreisen war von Anfang an bewußt, daß ein Gelingen der

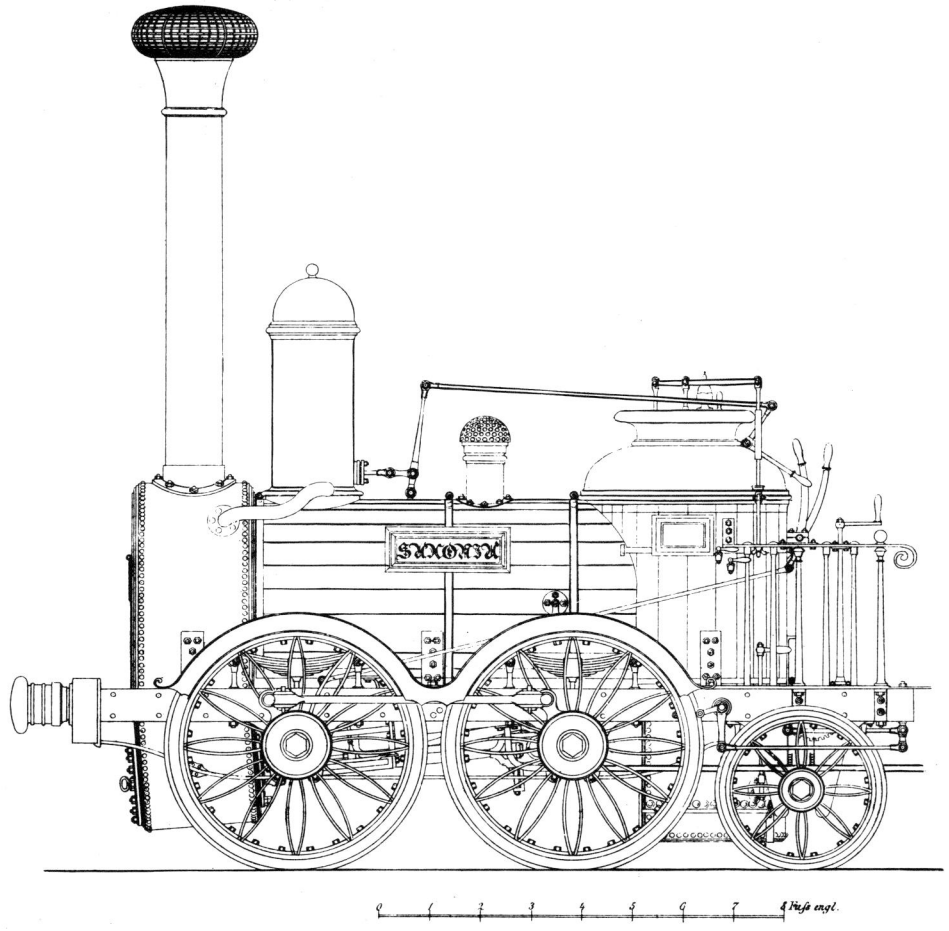

Die erste in Deutschland gebaute funktionstüchtige Dampflokomotive für Fern-
bahnen, SAXONIA.
Aus: Civilingenieur

SAXONIA zum Aufschwung des sächsischen Maschinenbaues führen und
den Absatz englischen Eisenbahnmaterials verringern würde. Und da die Hinfahrt von Dresden nach Leipzig für die SAXONIA von den Zuschauern so
begeistert aufgenommen war, bereitete man für die Rückfahrt das Fiasko vor.
    Der Signaldienst von Wärter zu Wärter mit Flaggen, den ein Schüler Schu-
berts, Ingenieur Osmar Julius Daniel Köhler, den 32 Bahnwärtern einexer-
ziert hatte, begann auf entsprechenden Einfluß der Dunkelmänner zu versa-
gen. Ein Teil der an den Wegübergängen stationierten Wärter, denen auch

die Bedienung der Schranken oblag, wurde nicht über das Nahen der SAXONIA unterrichtet. Das hatte zur Folge, daß sie nicht auf ihrem Posten waren, sondern der Ordnung gemäß die Strecke durch die Schrankenbäume verriegelt hatten. Die Bahnschranken wurden damals nicht gehoben und gesenkt, sondern horizontal gedreht. In der Zeit, da die Strecke nicht befahren wurde, standen sie quer zum Gleis.

Zunächst versuchte Schubert, die weggelaufenen Bahnwärter mit der Dampfpfeife herbeizurufen. Da er sich aber über den Hintergrund dieser Hindernisse im klaren war, entschloß er sich, die hölzernen Schrankenbäume kurzerhand entzweizufahren.

Die ungefederten Eichenholzpuffer der SAXONIA garantierten den Erfolg. Bis Priestewitz war die Fahrt nicht aufzuhalten. Dort wurde die Schurkerei zum Verbrechen: Eine Weiche war auf das Nebengleis gestellt, so daß Schubert und sein Heizer Schneider auf die dort unbesetzt abgestellte ADLER auffuhren. Zum Glück blieben beide unverletzt, auch der Schaden an der SAXONIA war nur gering. Die ADLER hingegen erlitt beträchtliche Beschädigungen.

In der bereits erwähnten Schubert-Biografie heißt es hierzu:

„War es ein Wunder, daß der „mysteriöse Fall" von Priestewitz, über den sich die Eisenbahndirektion geflissentlich ausschwieg, unter der Bevölkerung Anlaß zu sensationellen und widerspruchsvollen Gerüchten gab? Die Direktion zog es vor, weder auf die Triumphfahrt der „SAXONIA" und deren verbesserte Konstruktion noch auf den Zusammenstoß einzugehen. Man war bestrebt, die Öffentlichkeit von dem Sabotageakt abzulenken und ihn zu verschleiern. Ja die Vertreter der Eisenbahn-A.G. erdreisteten sich sogar, die erste deutsche Lokomotive zugunsten der englischen Maschinen möglichst abfällig zu beurteilen. Daß erwiesenermaßen den britischen Lokomotiven, gleich ob sie aus der Rothwellschen, Buryschen oder Stephansonschen Fabrik stammten, anfangs erhebliche Mängel anhafteten, verschwieg man geflissentlich, weil man es mit den englischen Lieferanten nicht verderben wollte. Da jedoch an der Konstruktion der „SAXONIA" nichts Wesentliches, zumindest aber weit weniger auszusetzen war als z. B. an der der englischen Maschinen „KOMET", „BLITZ" und „WINDSBRAUT", verloren sich die Widersacher in herabwürdigenden kleinlichen Erörterungen über angebliche Mängel des Rostes, der Heizrohre und des Durchmessers der Zylinder der „SAXONIA". Dabei vergaß man, daß nicht die deutsche, sondern eine englische Lokomotive bei der Eröffnungsfahrt Rohrschaden hatte und daß die Zylinder der „SAXONIA" die gleichen Durchmesser wie die der „KOMET" aufwiesen. Wer hätte überdies auch erwarten wollen, daß die „SAXONIA" und die englischen Maschinen, die zarten Vorfahren der späteren schweren und modernen Lokomotiven, schon eine allen Zeiten genügende Konstruktion haben konnten?"

Im Gegensatz zu den Ablenkungsmanövern und zu dem Versuch, die Verdienste Schuberts, der Uebigauer Arbeiter und Techniker durch übelwollende Polemik zu schmälern, berichtete das Gewerbeblatt über den Priestewitzer Sabotageakt:

„Die Lokomotive ‚SAXONIA' habe wenig gelitten, sei bereits wieder im Gange und überhaupt verständig gebaut. Lobend zu erwähnen seien mehrere Verbesserungen und dabei vor allem die rationellere und zweckmäßigere Anordnung der Triebräder."

Trotz der stiefmütterlichen Behandlung, die sich nach den Ereignissen der Eröffnungsfahrt fortsetzte, fuhr die SAXONIA 1839 noch 928 deutsche Meilen (6989 Kilometer). Für das Jahr 1843 sind 8666 Kilometer Laufleistung ausgewiesen. Der Geschäftsbericht der Compagnie für 1845 sagt aus, daß die SAXONIA mit der COMET und der FAUST wegen zu hohen Brennstoffverbrauchs in den Reservedienst übergestellt wurde. Auch 1849 findet man die SAXONIA noch als betriebsfähige Reservemaschine verzeichnet. Der Geschäftsbericht von 1858 schließlich sagt aus, daß die SAXONIA ausgemustert ist. Obwohl unterschiedliche Angaben vorliegen, dürfte das Jahr 1856 als Ausmusterungsjahr anzusehen sein, zumal in diesem Jahr der Name SAXONIA in Zweitbesetzung vergeben wurde.

Die SAXONIA hatte — wie die Festzüge — für die 115 Kilometer lange Strecke von Dresden nach Leipzig drei Stunden benötigt. Das entspricht einer durchschnittlichen Geschwindigkeit von 40 km/h. Bei den vorangegangenen Probefahrten hatte Schubert bewiesen, daß die Maschine auch 60 km/h fahren konnte! Schubert selbst äußerte dazu:

„Was die Leistungen der SAXONIA betrifft, so hat sie eine deutsche Meile ohne angehängte Last in 9, mit Last in 11 Minuten durcheilt. Würde in circa 1 Stunde und 48 Minuten von Leipzig nach Dresden fahren können."

Und zum Bau der SAXONIA äußerte der Meister:

„Ich habe für das erste in Deutschland erbaute Locomotiv alle nötigen Theile selbst anfertigen lassen, was mir bis jetzt noch niemand in Deutschland nachzutun gewagt hat. . . Kein einziger Arbeiter war mir zur Hand, der jemals an einem derartigen Stück gearbeitet hatte."

Der Nachbau der SAXONIA

Am 11. Oktober 1985 wurde im Ministerium für Verkehrswesen eine Arbeitsgruppe „Nachbau der Saxonia" gebildet. Ihr gehörten leitende Mitarbeiter der
Reichsbahndirektion Ausbesserungswerke, der Hauptverwaltung der Maschinenwirtschaft, des Ausbesserungswerks „Ernst Thälmann" Halle und des Verkehrsmuseums Dresden sowie Vertreter aus weiteren Bereichen des Ministe-
riums für Verkehrswesen an. In ihrer ersten Sitzung legte die Arbeitsgruppe
folgende Kriterien für den Nachbau der ersten deutschen Lokomotive fest:
  - Die „SAXONIA" ist als betriebsfähige Lokomotive mit allen kon-
    struktiven Merkmalen des Originals herzustellen. Besonderer Wert ist
    dabei auf ein hohes Maß an Detailtreue bei der Ausführung der Bau-
    gruppen und -teile zu legen.
  - Geometrie, eingesetzte Materialien und angewandte Fertigungstech-
    nologien sollen originalbezogen festgelegt werden.
  - Der Nachbau ist bis zum IV. Quartal 1988 abzuschließen.

Das Reichsbahnausbesserungswerk „Ernst Thälmann" Halle wurde als Fi-
nalproduzent mit dem Projekt beauftragt. Mit dem Nachbau des Kessels be-
traute man den VEB Dampfkesselbau Dresden-Uebigau − das ist die frühere
Maschinenfabrik Uebigau und einstige Geburtsstätte des Originals. Das
Bahnbetriebswerk Neustrelitz übernahm den Nachbau des Tenders, während
die Bahnbetriebswerke Berlin-Pankow, Weißenfels, Dresden, Halle P, Oebis-
felde, Schwerin und die Rationalisierungsmittelwerkstatt Wilsdruff als Koope-
rationspartner Einzelteile für die Ausrüstung lieferten. Für die Berechnung
und konstruktive Durchbildung der Bauteile, die Werkstattzeichnungen und
die technische Dokumentation zeichneten die Hochschule für Verkehrswesen
„Friedrich List" Dresden, die Ingenieurschule für Verkehrstechnik „Erwin
Kramer" sowie der VEB Dampfkesselbau Dresden-Uebigau verantwortlich.

Technische Dokumentation

Zur Zeit der SAXONIA war die Fotografie noch nicht gebrauchsfähig. Vom
Bau des Originals existiert heute nur noch eine einzige Zeichnung, auf der
eine Seitenansicht der Lokomotive dargestellt ist. Das Dokument befindet
sich im Verkehrsmuseum München − unter den Eisenbahnfachleuten und

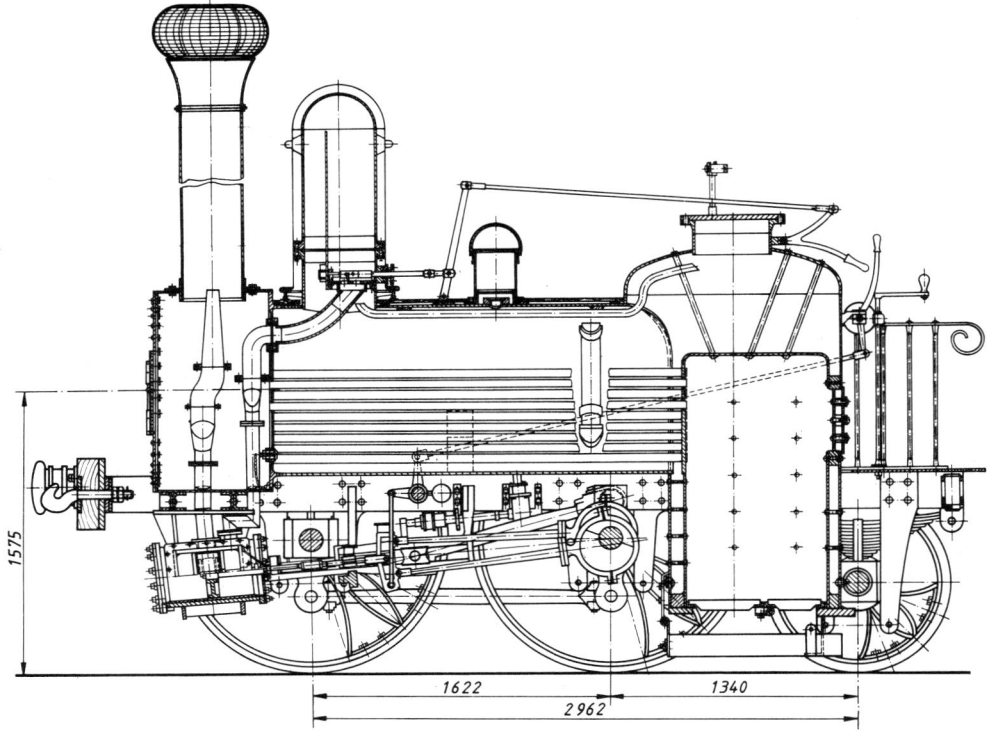

-historikern bekannt unter der Bezeichnung „Blaupause". Die Bemaßung ist
in englischen Fuß angegeben.

Zur Erarbeitung einer technischen Dokumentation für den Nachbau waren
daher umfangreiche Literaturstudien notwendig. Sie wurden erschwert durch
die Tatsache, daß die Veröffentlichungen selbst solcher bekannten Lokomo-
tivkonstrukteure wie Helmholtz, Staby, Heusinger von Waldegg und Metzel-
tin widersprüchliche bzw. unvollständige Angaben enthalten und auf Annah-
men und Vermutungen beruhen. So wird in einem Bericht über die SAXO-
NIA aus dem Jahre 1839 von 90 Heizrohren geschrieben, während in späteren
Veröffentlichungen nur noch 88 erwähnt werden. Diese Umstände berück-
sichtigend, entschloß sich die Arbeitsgruppe zu folgender Nachbaukonzep-
tion:

1. Die technischen Aussagen der „Blaupause" dienen als Grundlage für die
    Vermaßung des Nachbaus.
2. Für die bauliche Durchbildung von Einzelteilen sind die Literaturanga-
    ben von 1837/38 über Form, Wirkungsweise und Bautechnologie auszu-
    werten. Der Entwicklungsstand im englischen Lokomotivbau ist beson-
    ders zu berücksichtigen.

Der Nachbau der SAXONIA im Schnitt

Der Tender

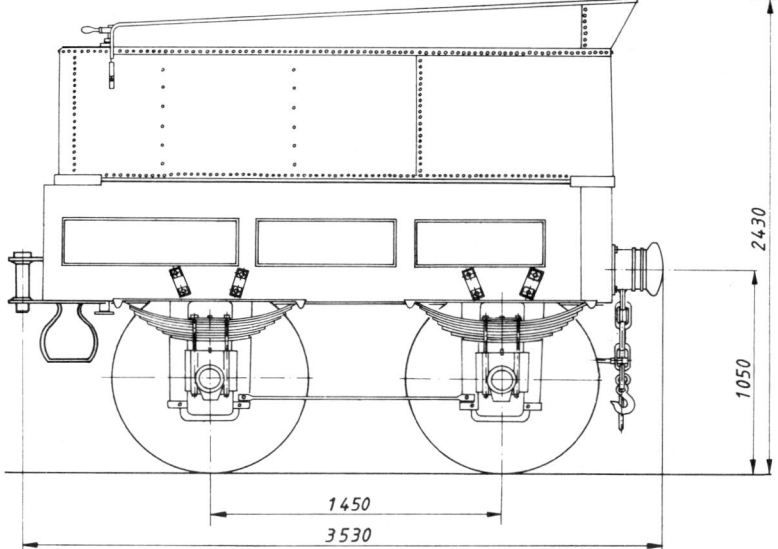

3.   Hinweisen auf konstruktive Details und Bautechnologien aus der Literatur über Professor Schubert ist Priorität einzuräumen.
4.   Forderungen, die sich aus Gründen der technischen Sicherheit aus den einschlägigen Normen der Deutschen Reichsbahn ergeben, sind so zu erfüllen, daß die optische Identität mit dem Original nicht beeinträchtigt wird.

    Mit Fertigungsbeginn im Oktober 1987 traten neue Probleme auf. Es zeigte sich, daß die Gestaltung der Bauteile in engster Beziehung zu den damaligen Herstellungsverfahren stand und manche Teile nur handwerklich nachbildbar sind. Das erforderte weitere Entscheidungen:

5.   Für die Fertigung des Nachbaus sind erprobte Facharbeiter mit überdurchschnittlichem handwerklichen Geschick und Kenntnissen über die im vorigen Jahrhundert gebräuchlichen Technologien in der Metallbearbeitung auszuwählen.
6.   Maschinentechnische Verfahren, insbesondere E-Schweißungen, sind nur an solchen Bauteilen auszuführen, die später verkleidet werden.

7. Der Fertigungsnachweis für statische und dynamisch belastete Bauteile, Druckleitungen und dergleichen ist nach heute geltenden gesetzlichen Bestimmungen zu führen. Wird bei bekannten Abmessungen eine Überdimensionierung ermittelt, so ist diese zur Erhaltung der Originaltreue in Kauf zu nehmen.

Neben den genannten Schwierigkeiten begann auch der Zeitfaktor eine gewichtige Rolle zu spielen. Je intensiver man sich mit den alten Fertigungstechnologien beschäftigte, desto mehr wuchs die Hochachtung vor dem ingenieurtechnischen Können von Schubert und dessen Mitarbeitern und vor den praktischen Fertigkeiten der Schlosser, Schmiede, Klempner, Gießer und Stellmacher, die vor 150 Jahren innerhalb eines Jahres ohne lokomotivbauspezifische Vorkenntnisse die SAXONIA funktionstüchtig herstellten.

Die von der Hochschule für Verkehrswesen „Friedrich List" und der Ingenieurschule für Verkehrstechnik „Erwin Kramer" Dresden gemeinsam erarbeitete technische Dokumentation zeigte das für derartige Projekte unabläsige Einfühlungsvermögen in praktische Details und war ein Leitfaden für den Nachbau. Dennoch mußte über jedes Bauteil vor der Anfertigung und der Einfügung in die Gesamtkonzeption noch einmal ausführlich diskutiert werden. Besonders hart prallten die Auffassungen über die laut Dokumentation mögliche Verwendung von Normteilen und Halbfabrikaten aufeinander. Tatsache ist, daß mehr Teile, als ursprünglich vorgesehen, einzeln gefertigt bzw. Halbfabrikate modifiziert werden mußten. Wen wundert es da, daß unter den Beteiligten schon bald eine Bemerkung von Mund zu Mund ging, die diese Begleitumstände zwar überspitzt charakterisierte, aber auch nicht völlig von der Hand zu weisen war:

„Wir werden die SAXONIA wohl aus dem Ganzen feilen!"

Die technische Dokumentation stimmt heute – nachdem der Nachbau fertiggestellt ist – nicht mehr in jedem Punkt mit dem Endprodukt überein. Da oft mit Handskizzen gearbeitet wurde, ist zur Zeit auch keine vollständige Dokumentation vorhanden. Hierzu müßte im Nachgang eine Maßaufnahme aller Teile vorgenommen werden.

Erst aus dieser Erfahrung ist uns heute verständlich, warum so gut wie keine technischen Unterlagen über das Original vorhanden sind: Schubert hat höchstwahrscheinlich die von der COMET abgenommenen Maße auch nur als Leitfaden für eine „gleitende Projektierung" genutzt.

Die Zeichnungen im folgenden Abschnitt stammen aus der technischen Dokumentation des SAXONIA-Nachbaus und sollen die konstruktiven Merkmale der Lokomotive veranschaulichen. Die Maßangaben haben zum Teil Änderungen erfahren.

Der Rahmen

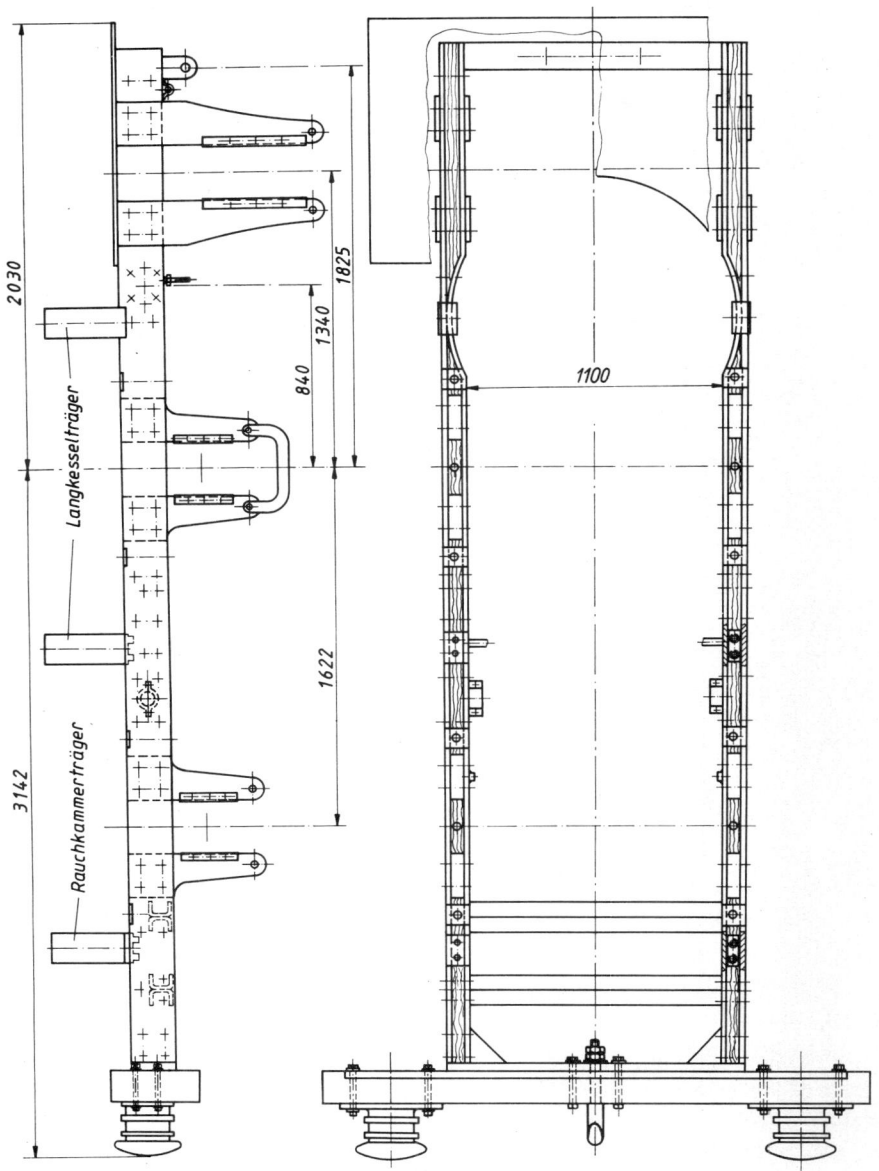

Der Rahmen

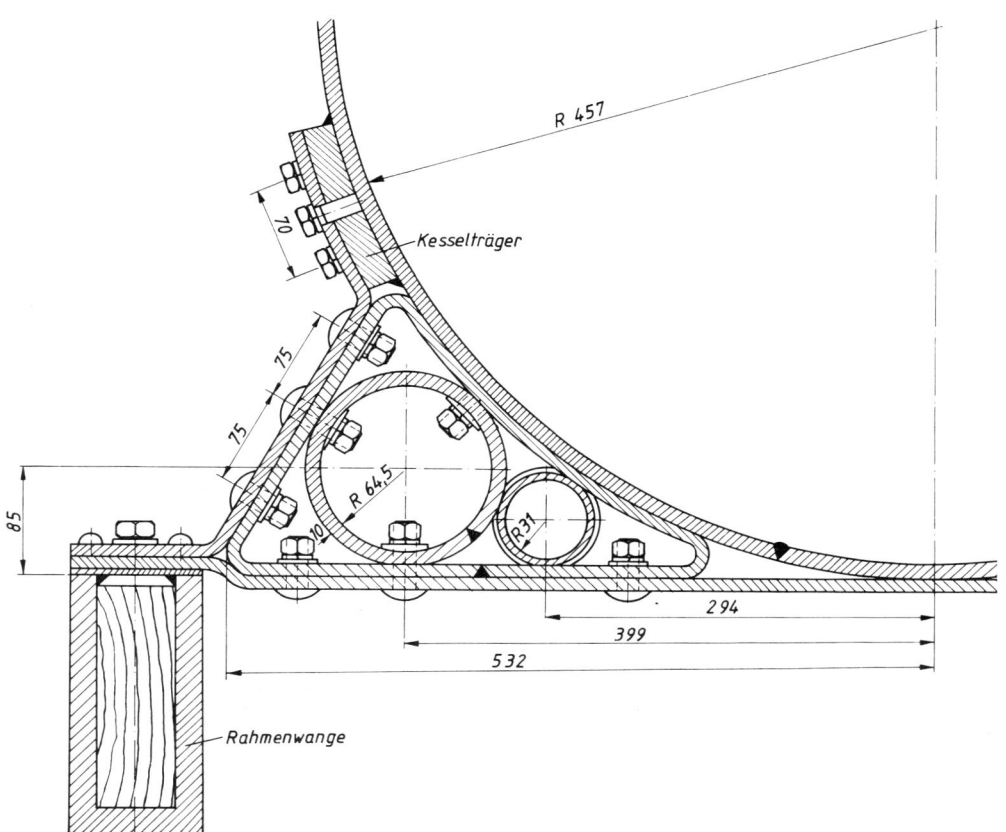

Gemäß dem Vorbild wurde der Rahmen als blechbeschlagener Holzfutter-
innenrahmen hergestellt. Die vordere Pufferbohle, verstärkt durch eine Hart-
holzbohle, wirkt als Querversteifung und nimmt die abgepolsterten Holzpuffer sowie den starren Zughaken auf. Weitere Querversteifungen tragen den
Zylinderblock. Auch unter dem Langkessel sind spezielle Verstrebungen angebracht. Zur Aufnahme des durchhängenden Stehkessels erfuhr der Rahmen
Einschnürungen an beiden Rahmenwangen. Die hintere Kuppelbohle trägt
ebenfalls aussteifenden Charakter und nimmt den Kuppelkasten zur Ankupp-
lung des Tenders auf. Die Lagerstützen für Rauchkammer und Langkessel ruhen längs der Rahmenwangen auf Lagerplatten und sind durch Arretierungen
gegen Verschub gesichert. Ins Holzfutter der Rahmenwangen wurden Hülsen
eingesetzt, um ein Zusammenziehen der Rahmenbleche jeder Wange beim
Nieten zu verhindern.

Kesselauflager für den Langkessel

Der Futterrahmen in der Vorfertigung.
Vorn der Pufferbohlenträger.
Foto: Dieter Just

Die Berechnung von Biegemomenten bzw. Querkräften bei Lastfahrt ergab, daß das Vorbild offensichtlich konstruktiv großzügig ausgelegt war. Das wurde beibehalten, um die Originaltreue zu erhalten.

Die innenliegenden Funktionsteile wurden geschweißt (z. B. Lagerböcke für die Steuerungswelle). Die Einzelteile des Rahmens sind zusammengenietet bzw. untereinander verschraubt.

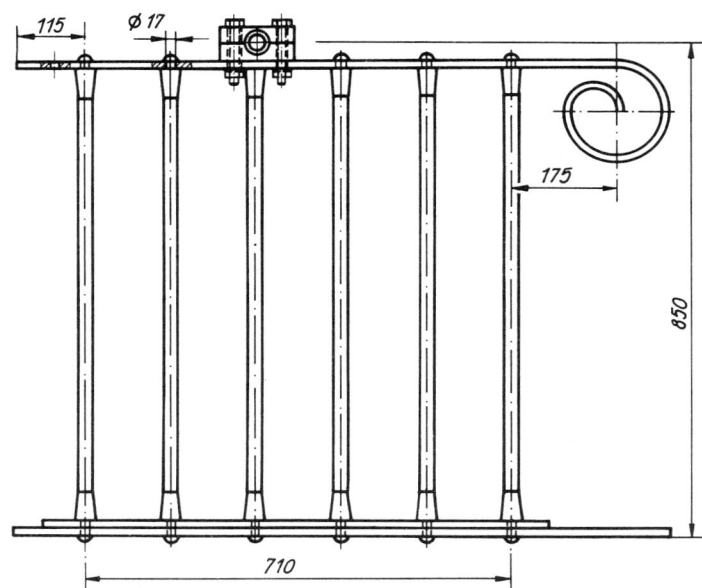

Das Galeriegeländer
für den Führerstand

Das Aufsetzen der Führerstandplattform mit dem Galeriegeländer auf den Rahmen.
Foto: Dieter Just

Das Laufwerk

Eine zweifach gekröpfte Treibachswelle mit geschliffenen Kurbelzapfen und aufgesetzten Exzenterscheiben für den Steuerungsantrieb sowie zwei aufge-preßte Räder mit je zwölf geschmiedeten Doppelspeichen bilden den T r e i - b r a d s a t z. Die Doppelspeichen wurden in Felge und Nabe eingeschweißt, die Radreifen mit ihrem typischen Profil auf die Felge aufgeschrumpft. Für die Preßpassung Radnabe/Achswelle wurde ein Übertragungsmoment von 9 kN angenommen. Als Berechnungsgrundlage diente die empirische Formel von Borries. Konstruktiv erhielt die Preßpassung noch einen Nasenkeil. Die Kur-belzapfen für die Treibstangenlager sind zueinander um 90° versetzt.

Einschweißen der geschmiedeten Speichen am Radstern.
Foto: Dieter Just

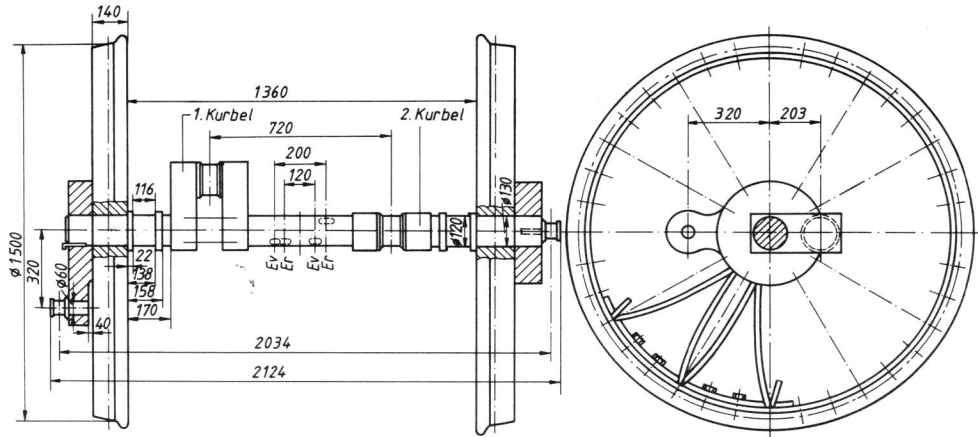

Die Treibachse

Aufpressen der Räder und Kurbel-
arme für die Kuppelstangen auf die
Achswelle.
Foto: Dieter Just

Beim Aufziehen der Radreifen.
Foto: Dieter Just

Da bei der Originalausführung die Doppelspeichen an der Felge verschraubt waren, mußte diese Verbindung beim Nachbau imitiert werden.

Die Kurbelarme zur Aufnahme der Kuppelstangenkurbelzapfen wurden
auf beiden Seiten jeweils von außen in gesonderten Arbeitsgängen auf die
Achswelle aufgezogen.

Der Kuppelradsatz gleicht in seinen konstruktiven Merkmalen dem
Treibradsatz, besitzt jedoch eine gerade Achswelle.

Beim Laufradsatz und bei den Tenderradsätzen kam die gleiche Technologie zur Anwendung wie bei der Herstellung des Treib- und Kuppelradsatzes. Ausgemusterte Achswellen eines LVT (Baureihe 171) dienten als Grundmaterial.

Das gesamte Laufwerk aus Kuppel-, Treib- und Laufradsatz nimmt eine
abgefederte Masse von 9 t im Verhältnis von 2:3:1 auf. Das entspricht einer

Die Kuppelachse

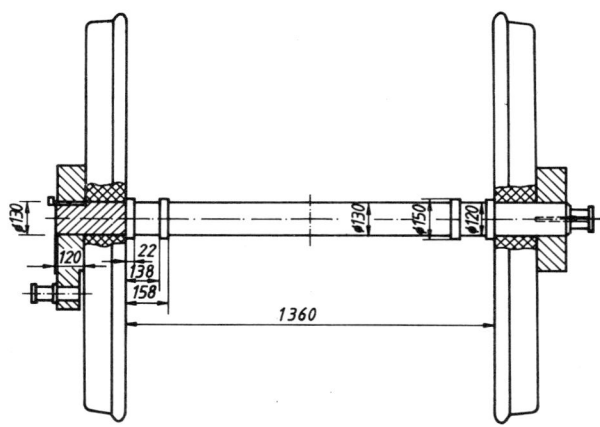

Der Laufradsatz

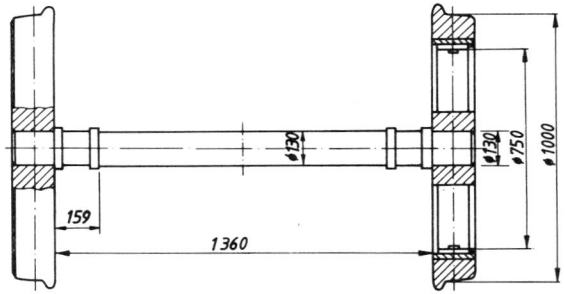

Der Kuppelradsatz auf der
Radsatzdrehbank zum Drehen
der Radreifenprofile.
Foto: Dieter Just

Lastverteilung von 3 t : 4,5 t : 1,5 t. Dabei wird der Stehkessel durch den Laufradsatz gestützt.

Ausgehend von einer Reibungskraft von 22,5 kN wurde die Größe der Schienenrichtkraft mit 20 kN errechnet. In vollem Umfang wirkt sie jedoch nur auf den Treibradsatz.

Der feste Radstand der Lokomotive beträgt 2962 mm, der Abstand der Kuppelradsätze 1622 mm und der Abstand vom Treib- zum Laufradsatz 1340 mm. Im Hinblick auf eine bessere Kurvenläufigkeit wurde der Treibradsatz spurkranzgeschwächt.

Vorgefertigtes Rad (Schweißkonstruktion) für den Laufradsatz. Foto: Dieter Just

Die Federung erfolgt durch Einzelradabfederung. Der Rahmen stützt sich auf obenliegende Blattfedern über Federspannschrauben ab. Die Blattfedern selbst sind mittels Federstößel mit den Achslagern verbunden. Bei einer Höchstgeschwindigkeit von 40 km/h ist ein Stoßzuschlag von 30 Prozent ausreichend. Anzahl und Längenmaße der Federblätter waren durch die Notwendigkeit der originalgetreuen Nachbildung von vornherein festgelegt. Die Federblattbreite von 70 mm ergab sich aus den Platzverhältnissen (Werte vom Original liegen nicht vor). Bei 11,7 mm Biegung der Blattfeder beträgt die maximale Durchfederung (am Treibradsatz) 31,8 mm. Der Federweg des Laufradsatzes liegt bei 26,1 mm.

Alle sechs Achslager sind als Gleitlager mit Lagerhalbschalen und Unterkästen mit Schmierkissen gefertigt. Dem Original entspricht auch die Oberdochtschmierung. Der Weißmetallausguß wurde in den Lagerschalen beiderseits weit heruntergezogen, um an den Stegflächen sichere Laufeigenschaften der festgelagerten Achsen zu erreichen. Die Lagergehäuse werden im Achslagerausschnitt geführt und besitzen Rotgußplatten, die auf den Stahlplatten des Achshalters gleiten.

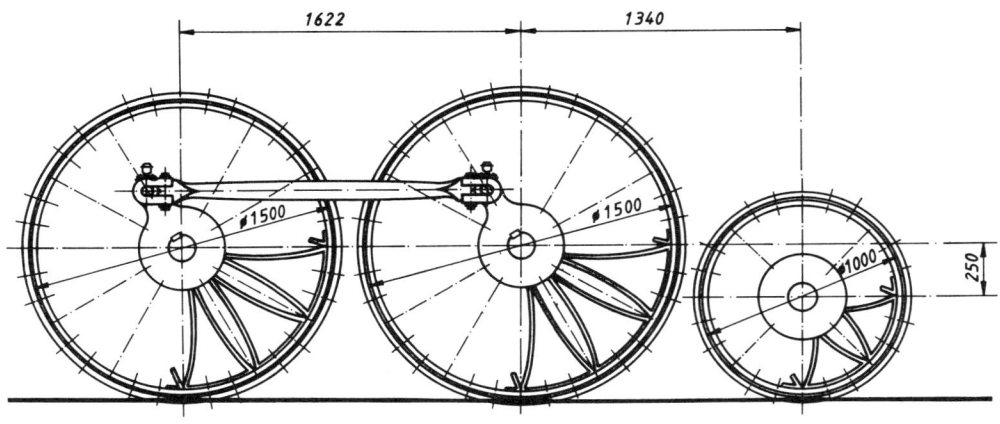

Radsatzgruppe

Die komplette Radsatzgruppe.
Foto: Dieter Just

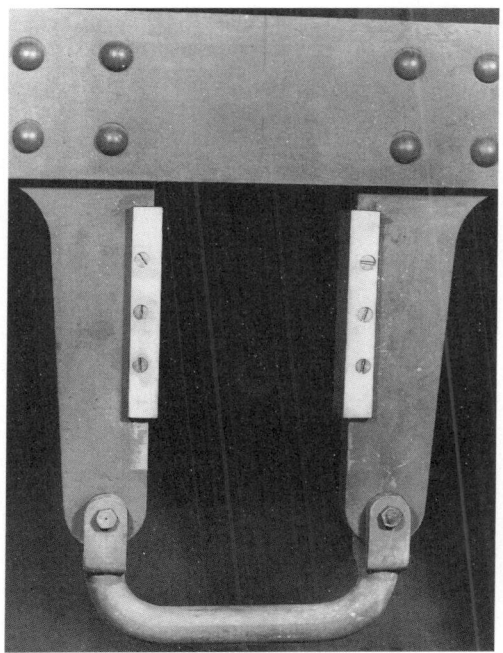

Achshaltergabel mit angeschraubten
Gleitplatten für den Laufradsatz.
Foto: Dieter Just

Blattfedern für die Einzelradabfederung.
Foto: Dieter Just

Puffer

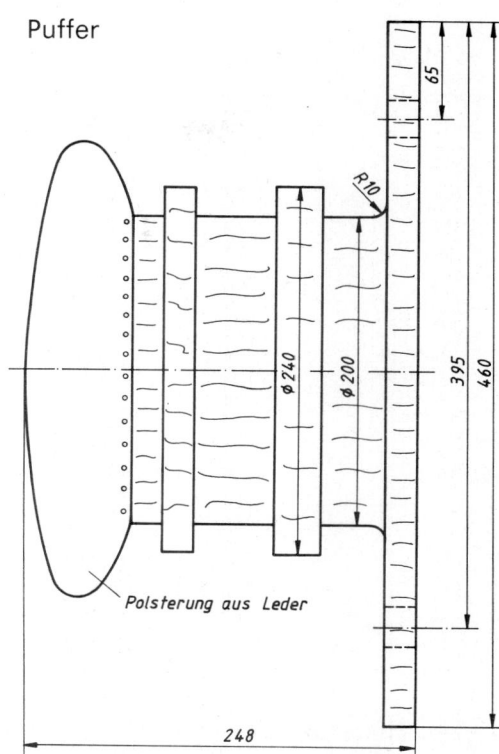

Radsatzlager und Gleitplatte.
Foto: Dieter Just

Aufachsen.
Foto: Dieter Just

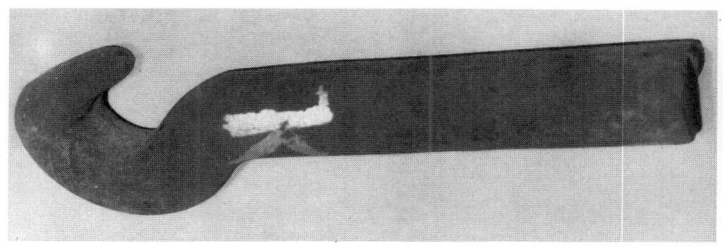

Nach einem Modell
gegossener Zugha-
ken.
Foto: Dieter Just

An den Stirnflächen abgepolsterte Holzpuffer und ein starr in der Pufferbohle befestigter Zughaken bilden die vordere Zug- und Stoßvorrichtung
der Lokomotive. Der Pufferstand beträgt 1850 mm, die Pufferhöhe über
SO 980 mm. Das entspricht den Werten des Originals und liegt auch im zu-
lässigen Bereich der heutigen Regelspur- und Triebfahrzeuge der Deutschen
Reichsbahn.

Die Kuppelseite des Tenders mit Kuppeleisen. Rechts und links die beiden Not-
kuppelketten.
Foto: Dieter Just

Die Kupplung Lokomotive/Tender erfolgt starr durch ein Hauptkuppelei-
sen. Rechts und links befindet sich je eine Notkuppelkette, die durch Notkup-
pelbolzen gehalten wird. Die Zug- und Stoßvorrichtung am Tender ist mit der
vorderen an der Lokomotive identisch.

Der Kessel

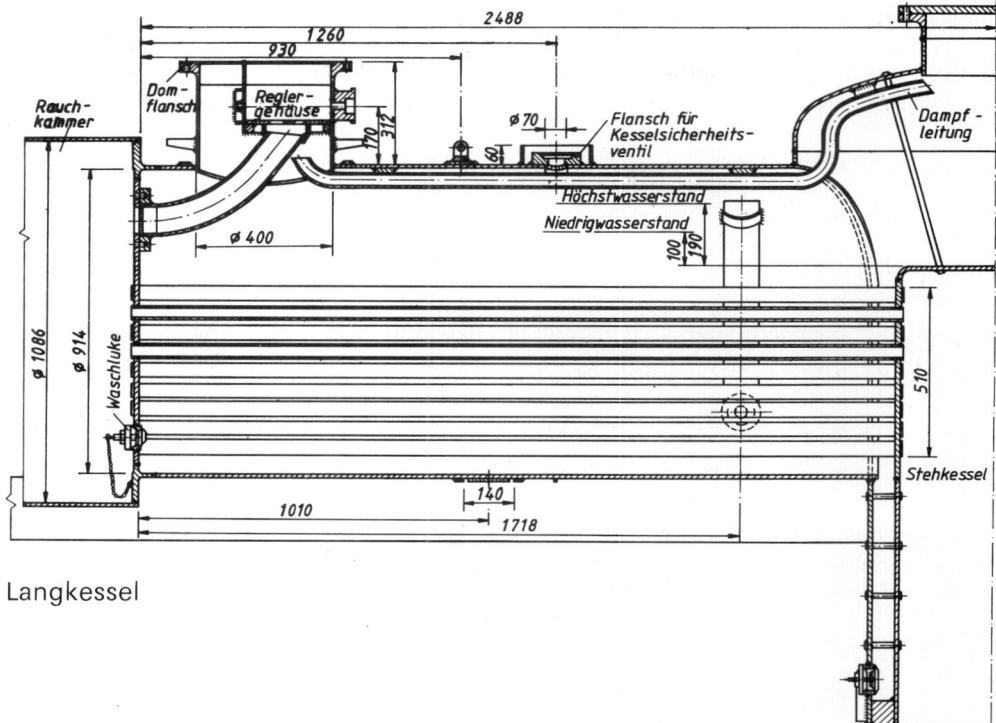

Langkessel

Abweichend vom Original konnten sowohl der Lang- als auch der Stehkessel geschweißt werden, da dieser Umstand nach vorgenommener Kesselverkleidung keinen Einfluß auf das äußere Erscheinungsbild nimmt. Die TGL 30310/2 diente als Berechnungsgrundlage. Der Kessel wurde komplett im VEB Dampfkesselbau Dresden-Uebigau hergestellt.

Folgende Anforderungen dienten als Ausgangswerte für die Berechnung der Kesselleistung:

Betriebsdruck (Prüfdruck)	0,6 MPa (0,78 MPa)
Rostanstrengung	8,49 kJ/m²h
Rostbelastung	189 kg/h (bei Brennstoff Koks mit einem Heizwert von 29307 kJ/kg
Kesselwirkungsgrad	0,73
Rostflächenbelastung	290 kg/m²h

Rostfläche	0,56 m²
Heizflächenbelastung	57 kg/m²h
Dampfmenge pro Stunde	1610 kg
Direkte Heizfläche	3,98 m²
Indirekte Heizfläche	27,02 m²
Gesamtheizfläche	31 m²
Anzahl der Heizrohre	88 mit 44,5 mm Durchmesser

Sowohl der Kessel als auch die Feuerbüchse sind aus 12 mm dickem Kessel-
blech gefertigt. Reglerdom und Kesselsicherheitsventil wurden als Aufsätze
direkt auf den Kessel aufgeschweißt, Reglerdomhaube und Stehkesseldom-
deckel durch Schraubverbindungen befestigt. Die Feuerbüchse ist durch Dek-
kenanker und Stehbolzen, Feuerbüchsrohrwand sowie Feuerloch und Boden-

Der Kessel, komplett angeliefert vom VEB Dampfkesselbau Dresden-Uebigau.
Foto: Dieter Just

Stehkessel mit Rohrwand

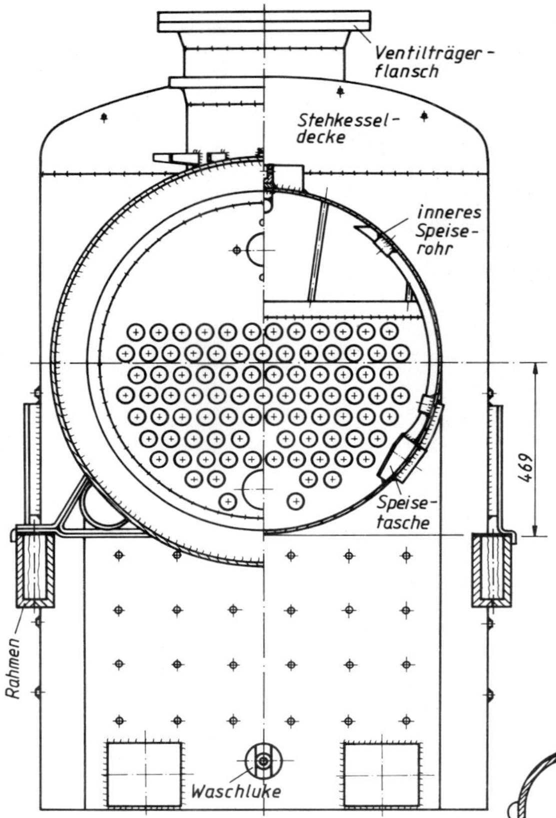

Ventilträger-
flansch

Stehkessel-
decke

inneres
Speise-
rohr

469

Speise-
tasche

Rahmen

Waschluke

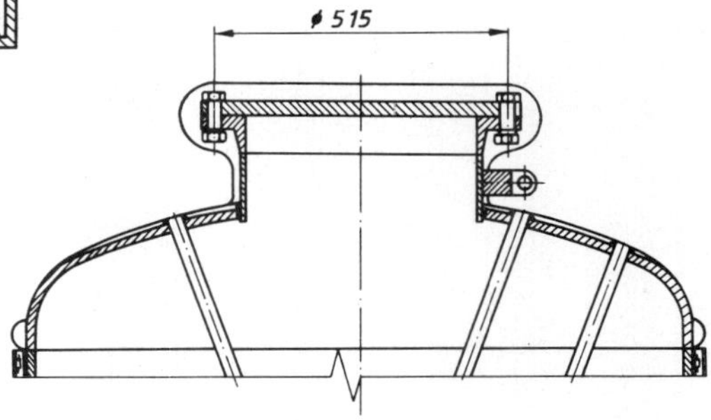

⌀ 515

Stehkesseldom mit Verkleidung

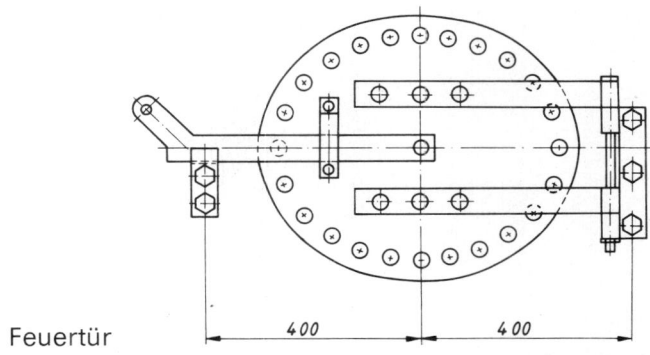

Feuertür

400   400

Ein Blick in
die Feuerbüchse.
Foto: Dieter Just

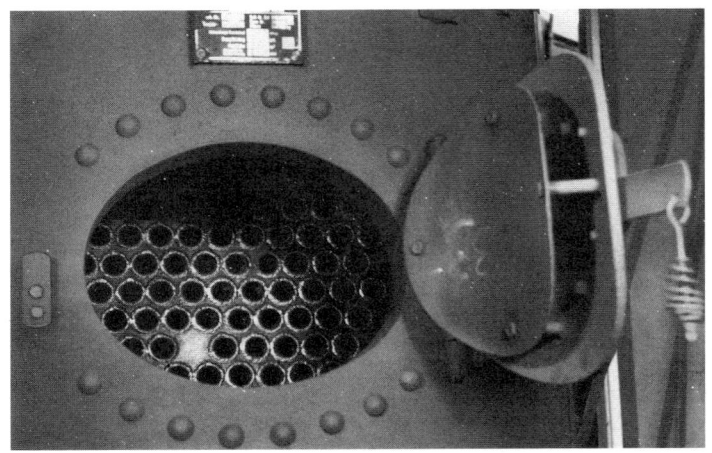

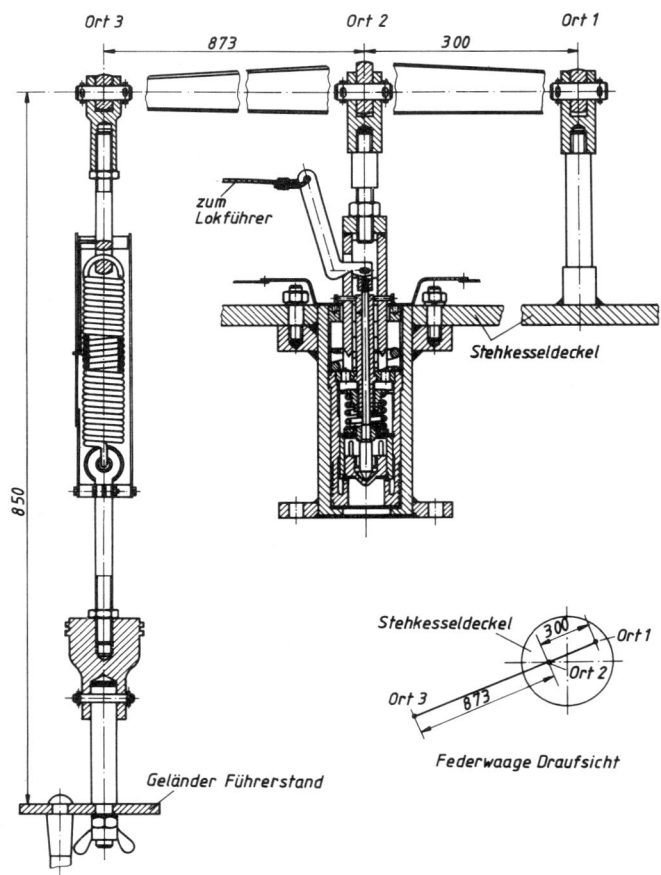

Federwaag-
Sicherheitsventil

Bei der Montage
des Reglergestän-
ges. Vor dem
Reglerdom das
Pop-Sicherheits-
ventil
Bauart Ackermann.
Foto: Dieter Just

ring im Stehkessel befestigt und allseitig von Wasser umspült. Die Stehbolzen
für die Seitenwände haben 18 mm und für die Decke 28 mm Durchmesser.
Am Bauch des Langkessels befinden sich die beiden Kesselwasserspeiseköpfe.

Für das Federwaag-Sicherheitsventil ergibt sich bei einer Kesselleistung von 1610 kg Dampf/h ein erforderlicher Ventilquerschnitt von
1200 mm². Bei einem festgelegten Hub von 5 mm wurde ein Ventildurchmesser von 40 mm gewählt. Aus den Hebellängen a : b = 300 : 873 mm resultiert
eine Federkraft von 1,03 kN bei einem Federweg von 9,53 mm. In Überein-
stimmung mit der Bau- und Betriebsordnung (BO) gewährleistet dieses Federwaagventil bei Überdruck die Absenkung auf den normalen Betriebsdruck.
Den genannten Überlegungen lagen Unterlagen über Federwaagventile von
1860 zugrunde. Auf die Kesseldruckanzeige wurde verzichtet, nur eine entsprechende Skala imitiert. Nach den gesetzlichen Vorschriften ist der Einbau
eines Röhrenmanometers notwendig, der im Betriebseinsatz dem Lokomotivführer den Dampfdruck anzeigt.

Entsprechend den Forderungen der Bau- und Betriebsordnung wurde ein zweites Sicherheitsventil auf dem Langkessel installiert. Es handelt sich um ein Pop-Ventil der Bauart Ackermann mit einer Federkraft von 1,89 kN und 45 mm Durchmesser im Ventilsitz. Damit ist es für einen Druckbereich von 0,5 bis 0,8 MPa geeignet.

Ebenso wie der Kessel wurde auch die Rauchkammer als Schweißkonstruktion ausgeführt und außen mit einer Nietimitation versehen. Die Rauchkammertür hingegen wurde originalgetreu nachgestaltet.

Ungewöhnlich war die Berechnung des Blasrohrs, da die SAXONIA einen zylindrischen Schornstein hat.

Bei einem Innenquerschnitt der 88 Heizrohre von 106 747 mm^2 und einem Innenquerschnitt des Schornsteins von 86 570 mm^2 wurde ein notwendiger Blasrohrkopfquerschnitt von 2 754 mm^2 errechnet. Das bedeutet, daß bei einem Durchmesser von 60 mm die Luftzufuhr für die Verbrennung von 4 060 kg Heizmaterial/h während der Dampffahrt gesichert ist. Aufgrund der außergewöhnlichen Schornsteinlänge sitzt der Blasrohrkopf nicht unterhalb des Schornsteins, sondern ragt in diesen hinein.

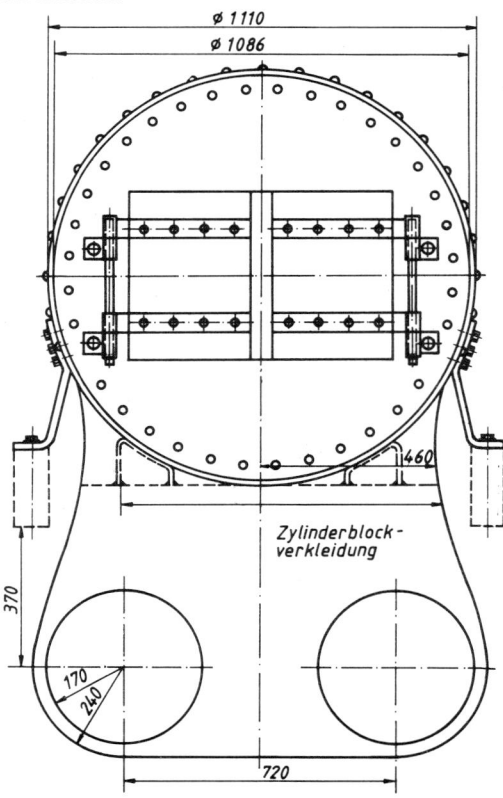

Rauchkammer

Als Regler wurde nach dem Vorbild der SAXONIA ein Flachschieberseg-
mentregler nachgestaltet, der vom Führerstand aus über ein Außengestänge
betätigt werden kann. Der Naßdampf wird aus der Domkuppel des Stehkessels durch ein Verbindungsrohr dem Dampfdom zugeführt. Über ein durch
die Rauchkammer geführtes Einströmrohr gelangt der Dampf zu den Schieberkästen. Dabei teilt sich das Einströmrohr durch ein Hosenstück kurz vor
der Einmündung in die Schieberkästen. Die am Original außen angebrachte
Führung der Einströmrohre vom Reglerdom zur Rauchkammer wurde imitiert. Zwar wird in alten Schriften von mehreren Einströmrohren gesprochen,
doch von der rechten Lokomotivseite existieren weder zeichnerische noch
textliche Angaben. Es liegt die Vermutung nahe, daß schon Schubert diese
einfache Lösung verwendet hat und so die aufwendige Teilung der Einströmrohre ab Reglerdom vermied.

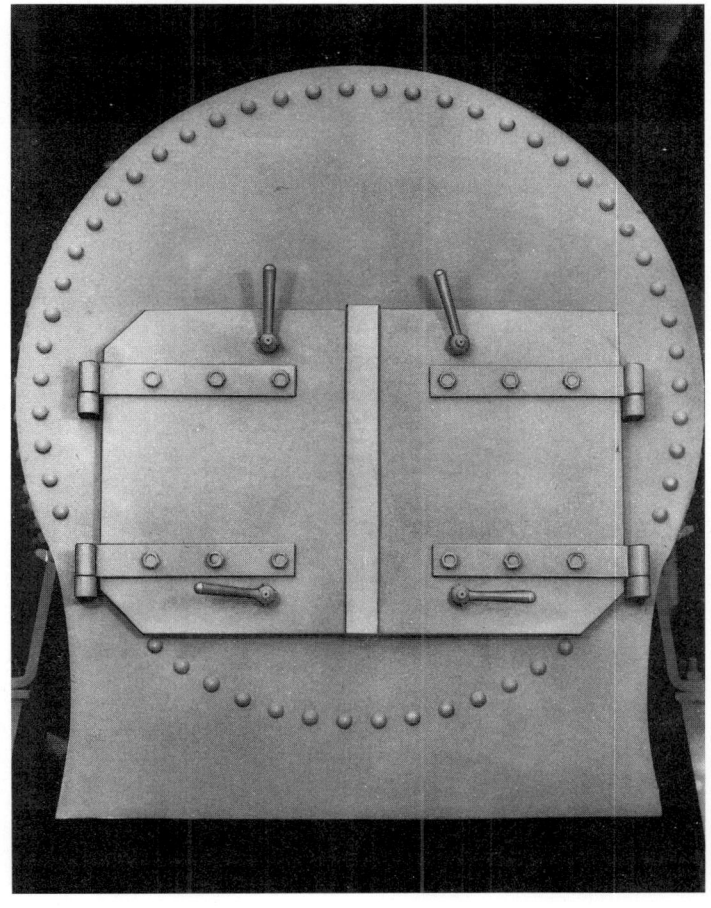

Die Rauchkammer.
Foto: Dieter Just

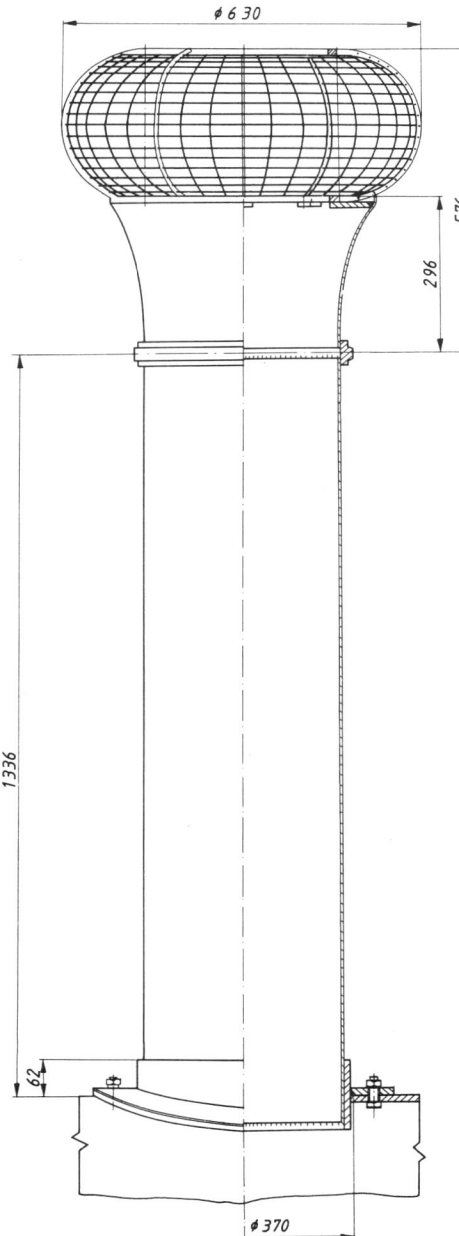

⌀ 6 30

576

296

1336

62

⌀ 370

Schornstein

Der Schornstein mit Funkenkorb
und Blick in die geöffnete
Rauchkammer.
Foto: Dieter Just

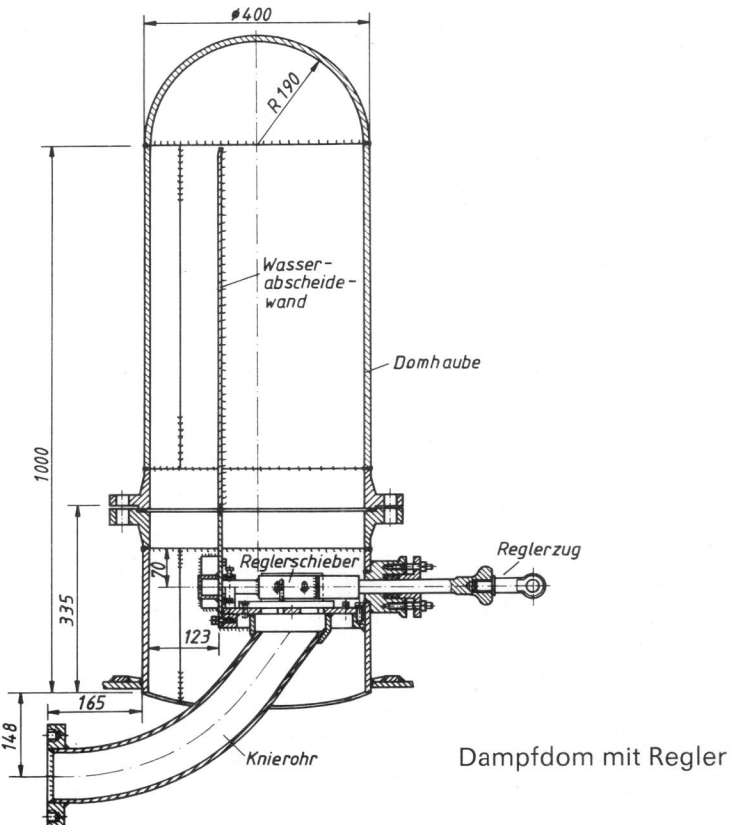

Dampfdom mit Regler

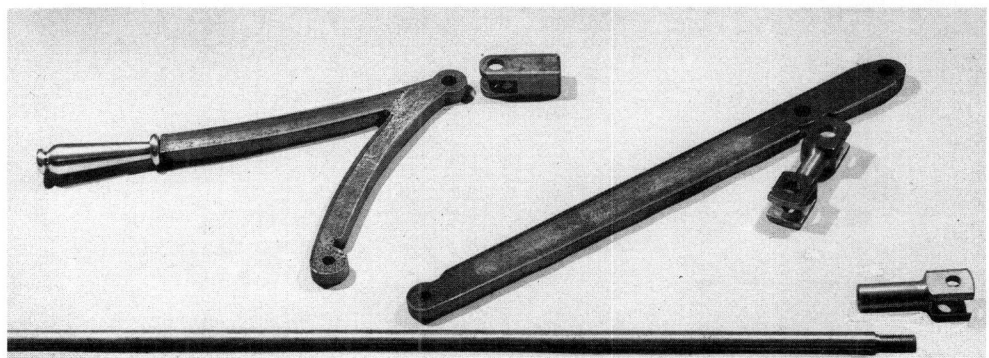

Handgefertigter Reglerhebel mit Gestänge.
Foto: Dieter Just

Rost mit Aschkasten

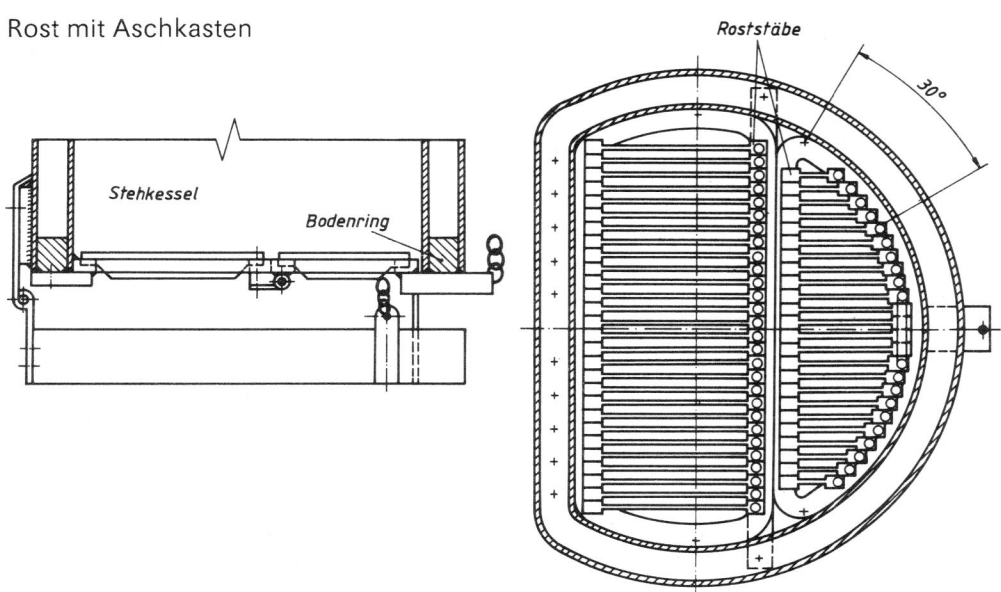

Bedienkurbel mit Schnecke und Schneckenrad zum Heben und Senken des Rostes mit Aschkasten.
Foto: Dieter Just

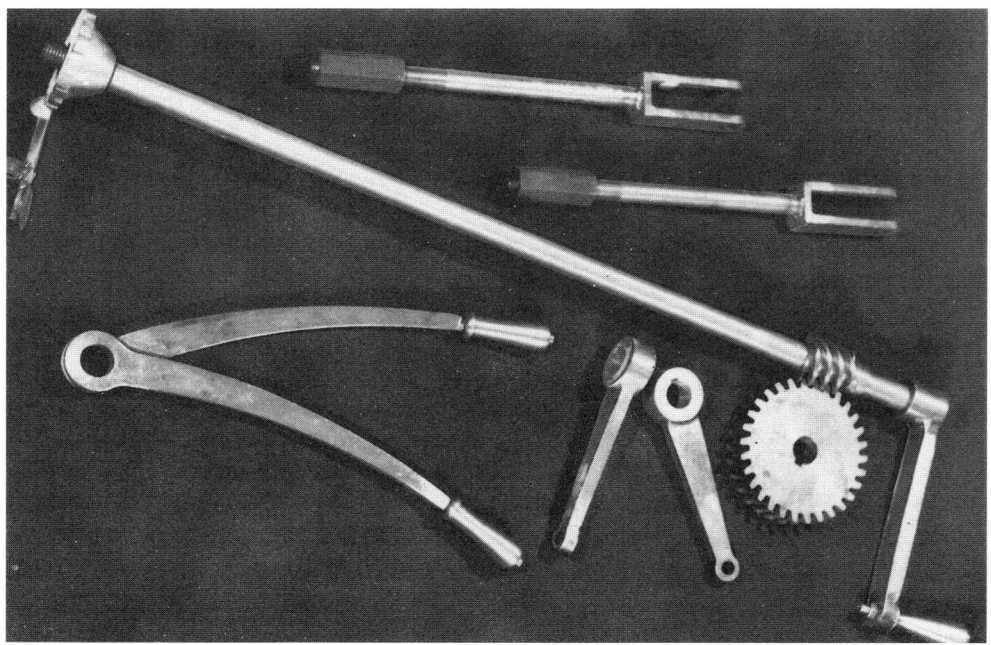

Aschkasten
abgesenkt.
Foto: Dieter Just

   Als Materialpaarung für Schieberrost und Schieberspiegel des Reglers wurden Grauguß und Messing eingesetzt. Das Übersetzungsverhältnis beträgt 1 : 6,7. Das entspricht einer Kraft am Bedienhebel von 113 N.
   Die Kesselverkleidung für Lang- und Stehkessel besteht aus zierenden Holzlatten. Die beiden Dome erhielten handgebördelte Messinghauben, unter denen zur Wärmedämmung Isoliermaterial eingebracht ist.
   Der Rost mit dem an ihm befestigten Aschkasten ist vom Führerhaus aus durch Kettenzug bedienbar. Zur Entfernung des Feuerbettes kann der Rost abgeklappt werden. Die Roststäbe liegen im lichten Abstand von 8 mm, so daß eine freie Rostfläche von 43 Prozent (0,25 m²) entstand.
   Die Kesselspeiseeinrichtung besteht aus zwei voneinander unabhängigen mechanischen Kolbenspeisepumpen. Diese langhubigen Plunger-Pumpen werden über die beiden Dampfzylinderkolbenstangen angetrieben. Ausgehend von der maximalen Kesselleistung von 1610 kg Dampf/h und der Höchstgeschwindigkeit von 40 km/h (das erfordert 212 Hübe pro gefahrenen Kilometer) müssen die beiden Pumpen eine Fördermenge von etwa 0,2 l Wasser/Hub erbringen, um bei maximalen Dampfverbrauch den Kesselwasserstand zu halten. Im Durchschnitt wird bei einer Fahrt jedoch nur 1/3 der maximalen Kesselleistung in Anspruch genommen. Das konzipierte Fördervolumen pro Pumpe von 0,12 l/Hub wird damit allen Anforderungen gerecht. Der Hub beträgt 406 mm und der Pumpenkolbendurchmesser 30 mm. Die 35 mm Ventildurchmesser der beiden durch Stahlkugeln gesteuerten Druck- und Saugventile lassen eine Strömungsgeschwindigkeit von 1,4 m/s zu. Für die Saugleistung wählte man einen Innendurchmesser von 31,75 mm (1,25-Zoll-Rohr).

Eine der beiden Plungerpumpen
nach dem Einbau.
Foto: Dieter Just

Speisewasseranschlußstelle am
Kessel

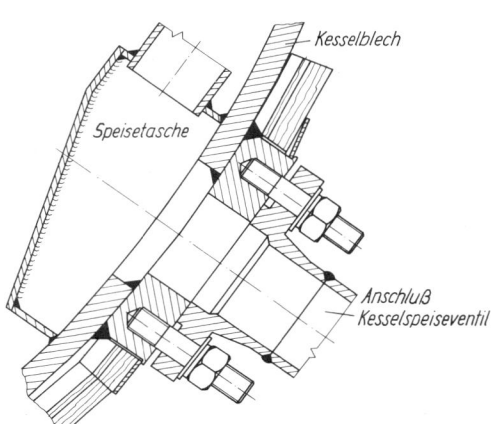

Beim Original wurde die Wassermenge durch den Absperrhahn am Tender reguliert. Wahrscheinlich konnte der notwendige Leerlauf der Pumpen durch unbeabsichtigte Undichtheiten in der Saugleistung bzw. durch nur teilweise Drosselung des Wasserzulaufs erreicht werden. Um beim Nachbau Schäden an den Pumpen von vornherein zu verhüten, wurden beide mit einer Kurzschlußleitung und einem Umstellventil versehen. So kann vom Führerstand aus die Fördermenge reguliert werden.

Eine weitere Abweichung vom Original stellen die beiden bauchseitig am Langkessel angebrachten Speiseköpfe mit Kugelverschluß dar. Man entschloß sich zu diesem Schritt, weil an Schuberts SAXONIA die Abdichtung zur Kolbenspeisepumpe ausschließlich durch einen doppelten Kugelverschluß in der Pumpe selbst erfolgte und die direkte Einmündung der Druckleitung in den Kessel oft Störungen verursachte und zudem Schäden an den Pumpen hervorrief (Kesselstein- und Schlammablagerungen).

Während des Nachbaus kamen Bedenken auf, ob die Technologie des „Wassereinfahrens" beherrschbar ist. Sie konnten nicht restlos zerstreut werden. Um die Möglichkeit der eventuellen Fremdeinspeisung zu erhalten, wurde in der rechten Druckleitung ein Anschluß ähnlich einem Feuerlöschstutzen vorgesehen.

Sowohl die TGL als auch die Bau- und Betriebsordnung forderten zur Wahrung der Betriebssicherheit als Kesselarmaturen einen Kesseldruckanzeiger, den Anschluß für ein Prüfmanometer und neben den Wasserstandprüfhähnen einen gut sichtbaren Wasserstandanzeiger. Verwendung fanden ein Wasserstandanzeiger der Bauart Cardo und ein Prüfstutzen mit Anschluß für ein Röhrenfedermanometer entsprechend der typischen Feinausrüstung von Lokomotivkesseln der Deutschen Reichsbahn.

Stehkessel mit Cardo-Wasserstandanzeiger und Prüfhähnen. Foto: Dieter Just

Die Dampfpfeife

Als akustischer Signalgeber wurde für den Nachbau eine dem Original entsprechende Dampfpfeife mit hohem Ton angefertigt.

Die Dampfpfeife
nach dem Einbau.
Foto: Dieter Just

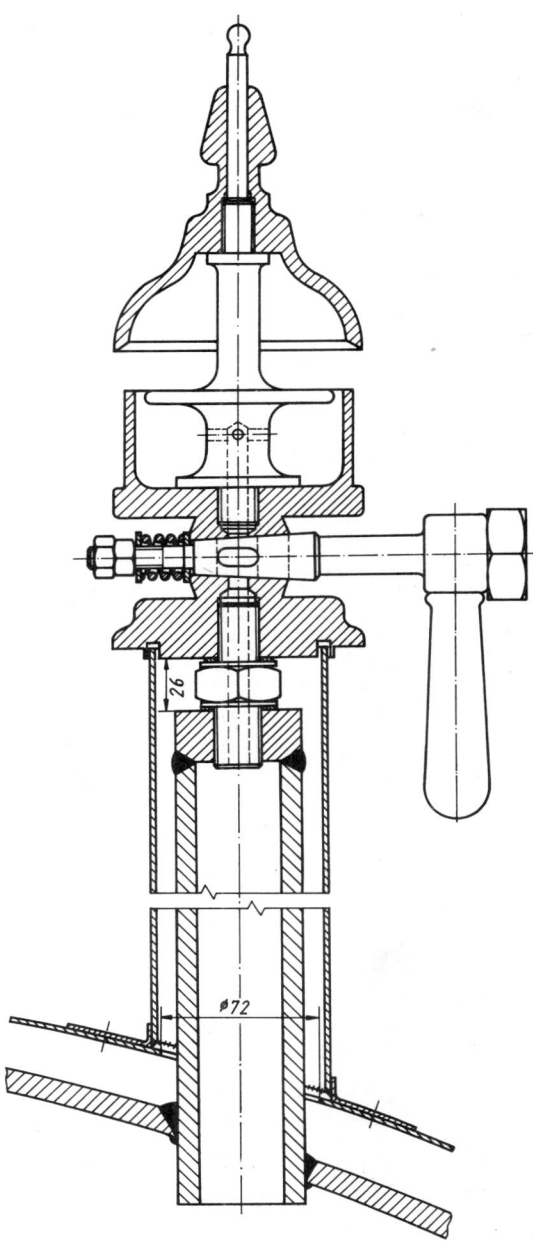

Dampfpfeife

Die Dampfmaschine

Auch bei der Wahl der Dampfmaschine griff man auf die historische Vorlage zurück: Zum Einbau kam eine Zweizylinder-Dampfmaschine mit 5° nach vorn geneigten Zylindern und aneinanderstoßenden stehenden Schieberkästen. Der Zylinderblock mit eingezogenen Zylinderlaufbuchsen entstand als Schweißkonstruktion.

Die Flachschieberkörper sind aus Messing. Sie werden in einem Schieberrahmen geführt und durch eine Blattfeder auf den Schieberspiegel gedrückt.

Bei der inneren Steuerung entschied man sich, wie beim Original, für einen einfachen Muschelschieber mit Außeneinströmung.

Beim Schweißen
des Zylinderblocks.
Foto: Dieter Just

Zylinderblock

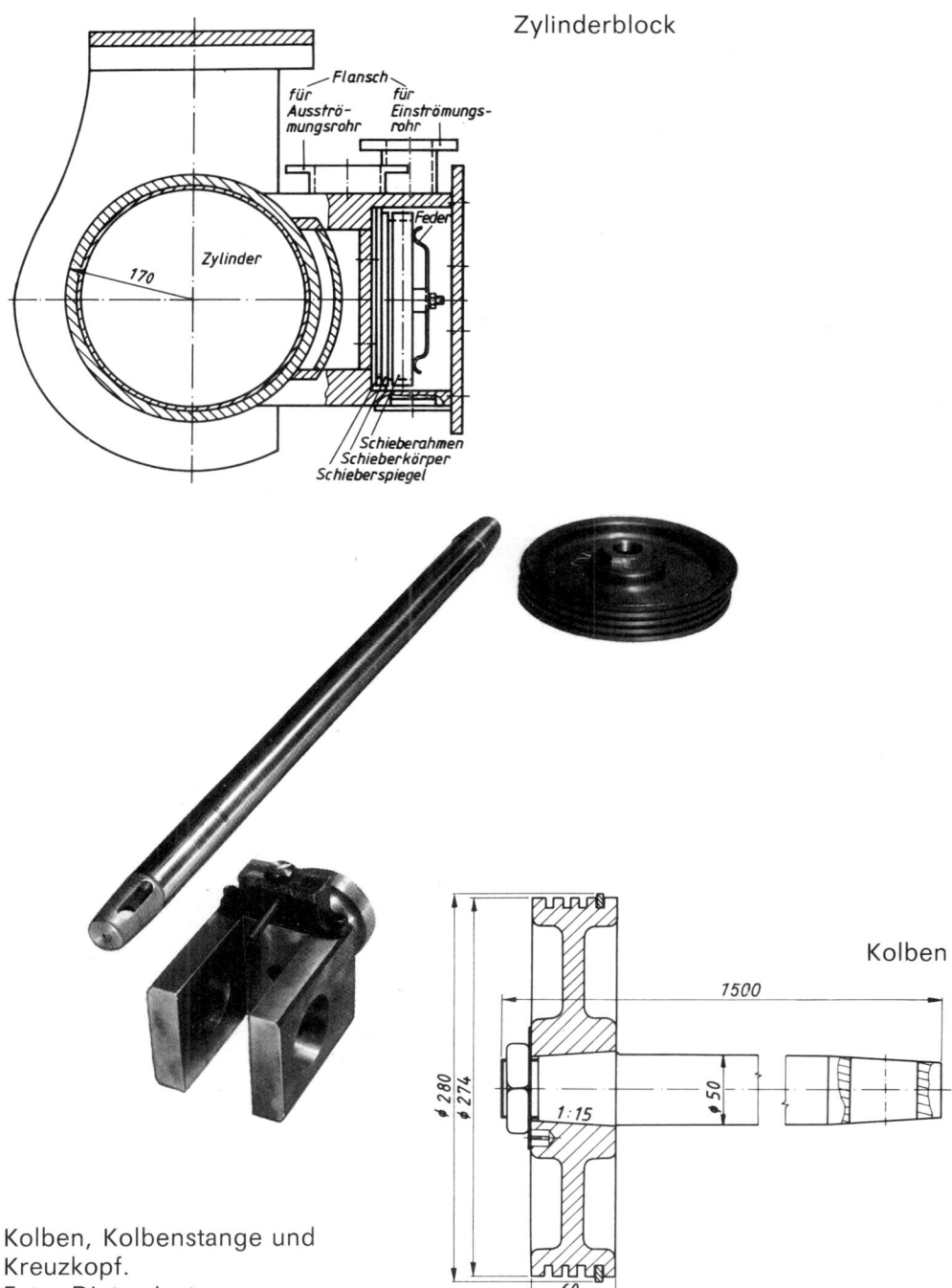

Flansch
für
Ausströ-
mungsrohr

für
Einströmungs-
rohr

Feder

Zylinder

170

Schieberahmen
Schieberkörper
Schieberspiegel

Kolben

1500

ø 280
ø 274

1:15

ø 50

60

Kolben, Kolbenstange und
Kreuzkopf.
Foto: Dieter Just

Maße der inneren Steuerung:

Kanalbreite	20 mm²
Einströmüberdeckung	16 mm²
Ausströmüberdeckung	5 mm²
Lappenbreite	41 mm²

Die Kolbenscheiben mit 274 mm Durchmesser sind mit je drei Kolbenringen bestückt und auf den Kolbenstangen aufgeschraubt.

Die äußere Steuerung konnte erst nach ausführlicher Diskussion festgelegt werden. Zwar fehlen auch hierzu eindeutige technische Angaben vom Original, doch ausschlaggebend war der bekannte Mangel der Handhebelsteuerungen mit Schiebermuffen hinsichtlich ihrer Abstimmung auf die Kesselleistung. Um die einstufige Dampfdehnung zu nutzen und damit einen besseren Wirkungsgrad zu erreichen, entschied man sich abweichend vom historischen Vorbild für eine innenliegende Stephensonsche Kulissensteuerung mit offenen Stangen. Diese Steuerungsart gestattet es, die Expansionsarbeit bei einer Füllung zwischen 0 und 84 Prozent zu nutzen.

Maße der äußeren Steuerung:

Größte Füllung	Vorwärts	84 %
	rückwärts	78 %
Voreinströmung bei		
80 Prozent Füllung		1,5 mm
Voreilwinkel		25°
Exzentrizität der Hubscheiben		40 mm

Das innenliegende Triebwerk wurde an zwei doppelt geführten Kreuzköpfen angelenkt. Beide Treibstangen entstanden originalgetreu in Fischbauchform mit rundem Querschnitt und Schnallenkopflagern. Sie wurden in gestreckter Lage mit 5° Gefälle unterhalb der Achswelle des ersten Kuppelradsatzes angeordnet. Mit den Schieberschubstangen verfuhr man ebenso. Das Schieberstichmaß ist an der Verbindung Schieberschubstange/Schieberstange einstellbar. Die Steuerung wird über Steuerstange, Aufwurfhebel und Hängeeisen bedient.

Die Dampfmaschine ist an zwei Quertraversen unterhalb der Rauchkammer aufgehängt. Das durch die Aussagen der F-v- und s-v-Diagramme zu erwartende Betriebsverhalten soll bei der rechnerisch ermittelten Leistung von 110 kW bestätigt werden.

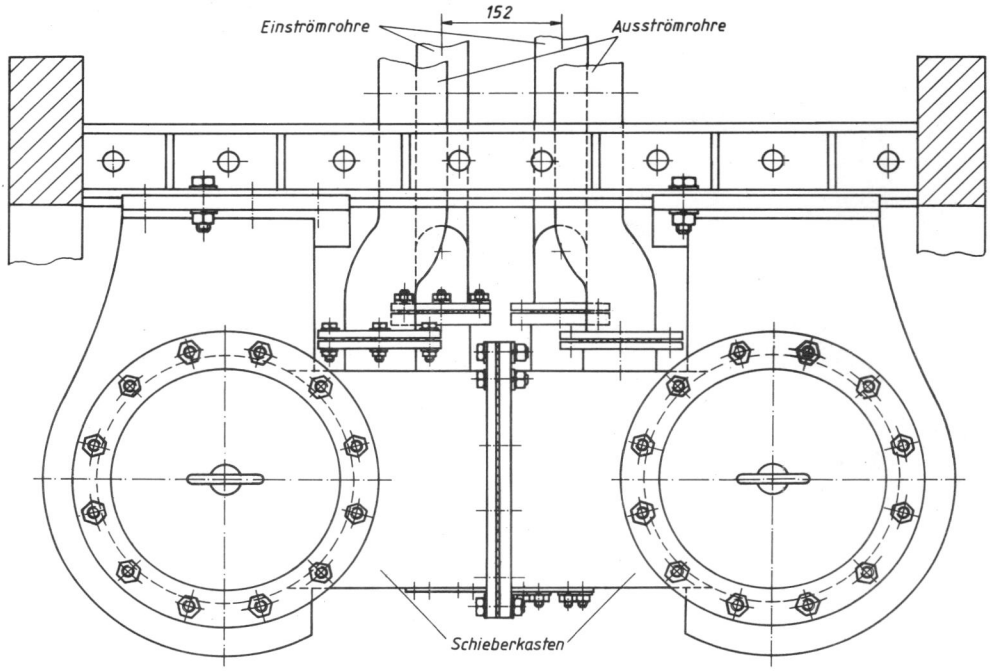

Zylinderblock und Hosenstück für die Ein- und Ausströmrohre.

Montage des Hosen-
stücks auf den
Zylinderblock.
Foto: Dieter Just

Der eingebaute Zylinderblock. Im Vordergrund die Steuerwelle für die Stephenson-
Steuerung.
Foto: Dieter Just

Steuerung

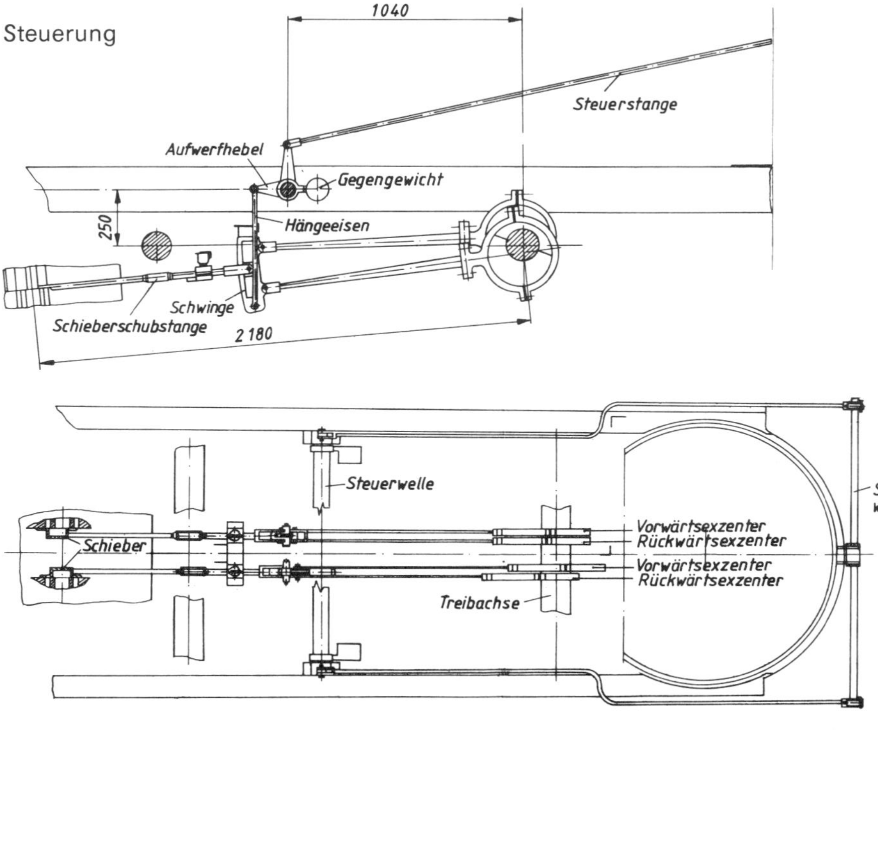

Einpassen des Schieberspiegels im Zylinderblock. Foto: Dieter Just

Feder, Schieberrah-
men, Flachschieber-
körper und Schieber-
spiegel.
Foto: Dieter Just

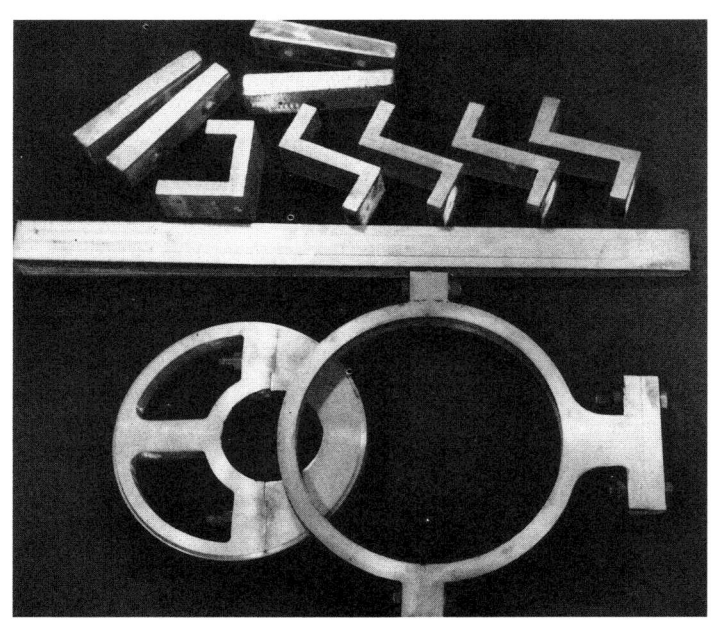

Bauteile für die
Exzenter der
Steuerung.
Foto: Dieter Just

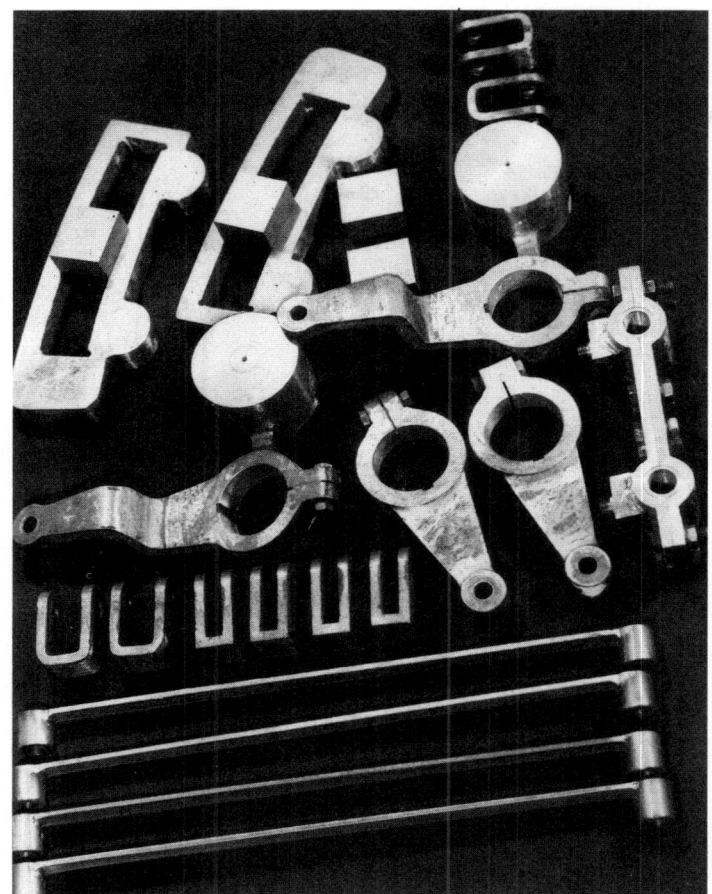

Teile der Schwin-
gensteuerung.
Foto: Dieter Just

Fertige Schwingen.
Foto: Dieter Just

Kreuzkopf

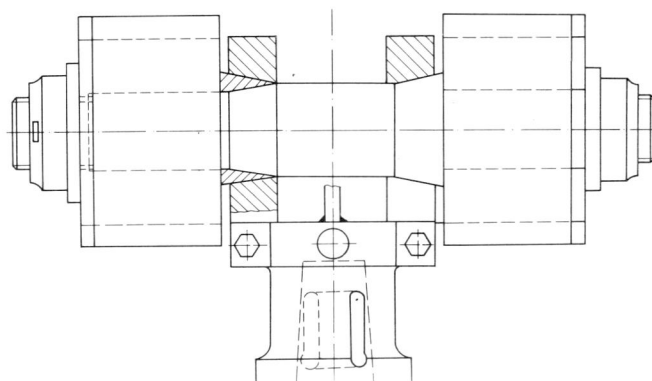

Der Kreuzkopf.
Foto: Dieter Just

Kuppelstangenschmiergefäß

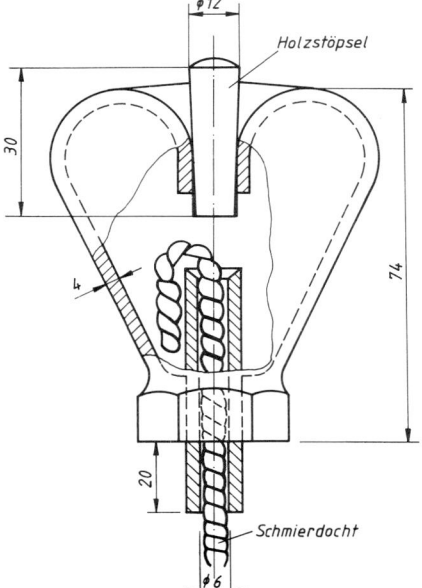

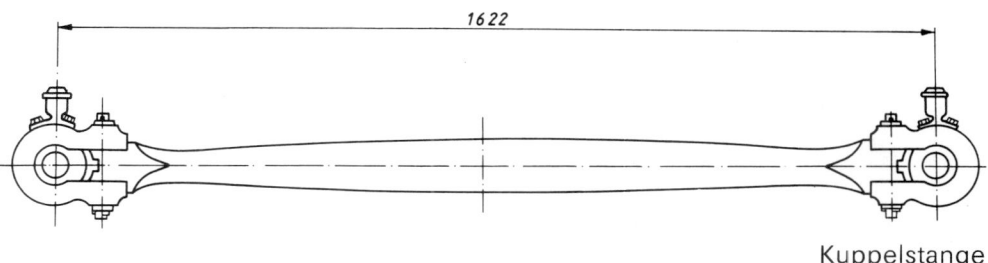

Kuppelstange

Einbaufertige Kuppelstange.
Foto: Dieter Just

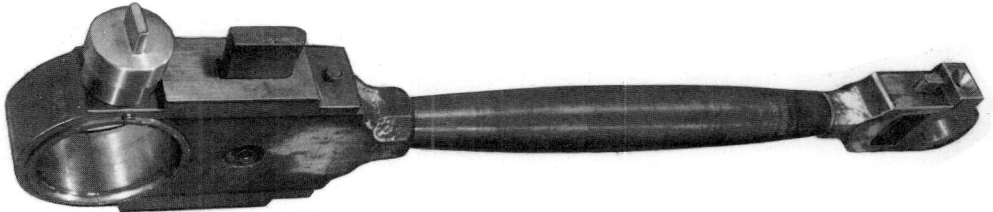

Treibachse mit montierten Exzenterscheiben.
Foto: Dieter Just

Rahmen mit einge-
bauter Dampfma-
schine.
Foto: Dieter Just

Montieren des
Zuggestänges für
die Zylinderentwäs-
serungsventile.
Foto: Dieter Just

Vor dem Aufsetzen
des Kessels.
Foto: Dieter Just

Rechnerisch ermit-
teltes F$_z$-V-Dia-
gramm für die nach-
gebaute SAXONIA

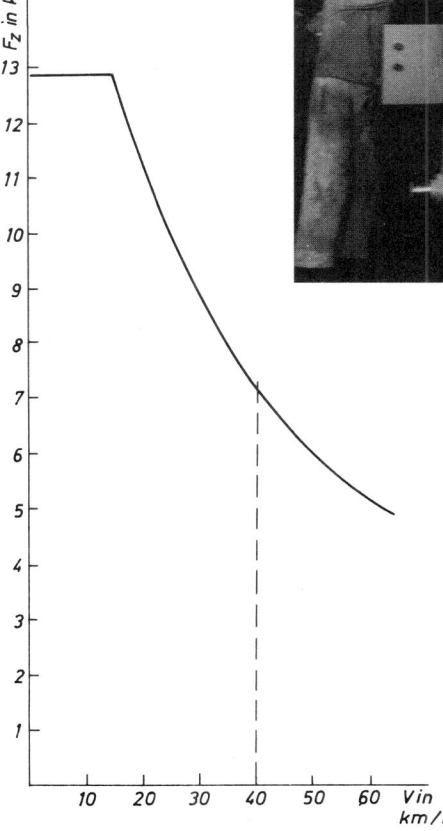

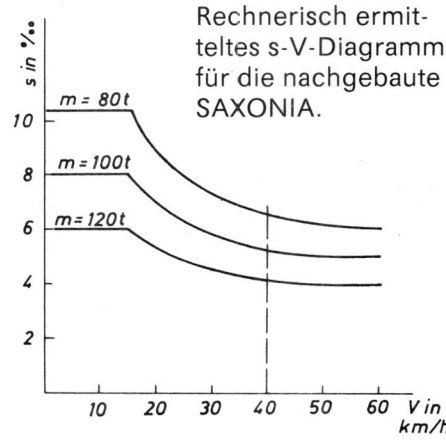

Rechnerisch ermit-
teltes s-V-Diagramm
für die nachgebaute
SAXONIA.

Der Tender

Bildliche Darstellungen der historischen SAXONIA mit Tender sowie Zeichnungen aus Armengaud: L' Industrie des chemins de fer dessins et descrip-
tions. Paris 1839, waren die einzigen Vorlagen für die Neukonstruktion des
Tenders, der somit der damals üblichen englischen Bauart entspricht. Damit
ist auch der − allerdings ungesicherten − Angabe Rechnung getragen, daß
der Originaltender der SAXONIA hinter der englischen Lokomotive LA
JACKSON gelaufen sein soll.

Die anspruchsvolle Holzkonstruktion des Rahmens entwickelte sich zum
zentralen Problem beim Tendernachbau. In der technischen Dokumentation
wurde auf die Verwendung von jahrelang abgelagertem Hartholz aus einheimischen Wäldern orientiert. Besser noch − allerdings sehr teuer − wären Im-
porte aus Übersee (!) gewesen, zumal derartiges Holz im damaligen englischen
Lokomotivbau verwendet wurde. Schließlich wurde die Entscheidung getroffen, eine hartholzbeplankte Stahlkonstruktion zu verwenden.

Der Tenderwasserkasten ist eine Blech-Schweißkonstruktion mit imitierten
Nietreihen. Die Herstellungstechnologie für den Laufradsatz der Lokomotive
konnte für die Radscheibe der Tenderradsätze beibehalten werden. Letztere
wichen jedoch in einem Detail ab: Sie besitzen außenliegende Radsatzlager.

Der U-förmige Wasserkasten sitzt auf dem Rahmen auf. In seinem vorderen Teil befinden sich rechts und links die Wasserabsperrventile, im U-förmi-
gen Teil ist der Kohlekasten eingebettet.

Die Zug- und Stoßeinrichtung stimmt in allen Einzelheiten mit der der Lokomotive überein. In Anlehnung an den technischen Entwicklungsstand um
1840 wurde auf einfache Wartung und Instandhaltung geachtet. Die Begren-
zungslinie des Tenders entspricht der Begrenzung I nach der Bau- und Betriebsordnung, Anlage E. Da der Radstand unter 4,50 m liegt, konnte auf den

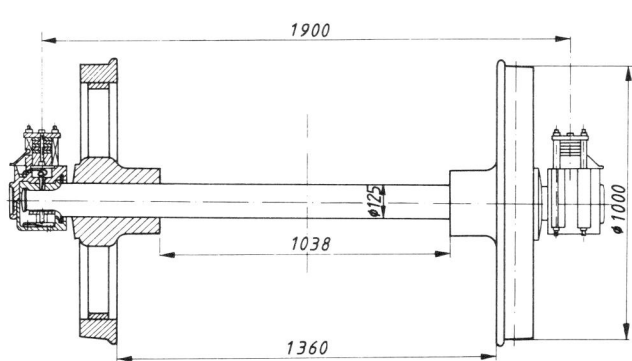

Tenderradsatz

Nachweis der Bogenläufigkeit verzichtet werden. Die aufzunehmende Seiten-
kraft je Achshalterpaar wurde mit 20 kN, der Normallastfall mit 250 kN und
der außergewöhnliche Lastfall mit 600 kN angenommen.

Aufsetzen des Ten-
derrahmens auf die
Achsen.

Der Wasserkasten
für den Tender.
Fotos: Dieter Just

Der fertige Tender, wie er vom Bahnbetriebswerk „Erwin Kramer" Neustrelitz
angeliefert wurde.
Foto: Dieter Just

Die Bremseinrichtung

Die einseitig wirkende Handhebelbremse ist als Betriebsbremse für Lokomotive und Tender ausgelegt. Sie wirkt, indem jedes Rad des Tenders durch einen Hartholzklotz abgebremst wird. Der Bremshebel befindet sich auf der rechten Seite des Tenders und wird bis zum Griffstück in einer Stellstange geführt. Ausgehend von der Höchstgeschwindigkeit und der Bremswegvorgabe ergibt sich eine notwendige Gesamtbremskraft von 11,1 kN, die unter Berücksichtigung des Hebelverhältnisses eine Handkraft von 0,3 kN erfordert.

Am Treibradsatz wurde eine dem Original entsprechende Bandbremse als Feststellbremse installiert. Bei Betätigung wird dabei das 50 mm breite Bremsband unter einem Umschlingungswinkel von 145° auf die Lauffläche des Radreifens gepreßt und eine maximale Reibungskraft von 1,05 kN erreicht.

Die Bandbremse.
Foto: Dieter Just

Bandbremse

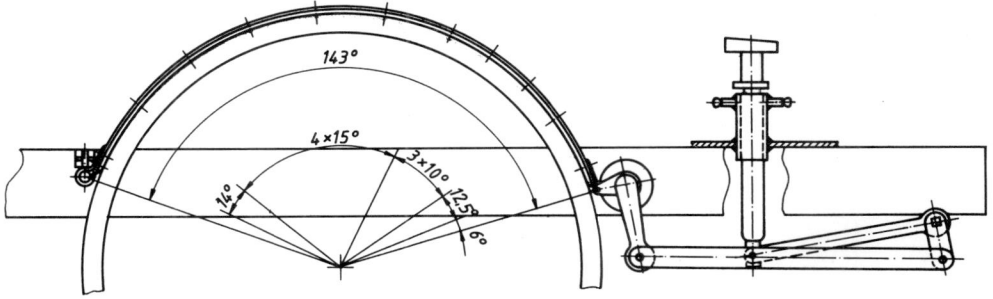

Die Farbgebung

In Anlehnung an vorhandene Modelle, Gemälde und Bilder einigten sich die Verantwortlichen auf folgende Farbgebung:
- Kesselverkleidung und Tenderrahmen helle Naturholzfarbe;
- Rauchkammer, Schornstein, Zylinderblock, Aschkasten, Galerieständer, Puffer und Tenderwasserkasten schwarz;
- Verkleidungen für Reglerdom und Sicherheitsventildom blankes Messing, für Stehkesseldom blankes Kupfer;
- Rahmen, Federn und alle Radsätze ziegelrot, Radschutzkästen grün;
- Kesselarmaturen, Dampfpfeife und Federwaagventil blanker Rotguß bzw. Messing;
- Bediengriffe und Zugstangen, Kuppel- und Treibstangen sowie Steuerungsteile blanker Stahl bzw. blanker Rotguß;
- Namenschild Messing mit aufgesetzter Schrift.

Probefahrt und Indienststellung

Die SAXONIA wurde in der Rationalisierungsmittelwerkstatt des Reichsbahnausbesserungswerks „Ernst Thälmann" Halle auf einem eigens dafür hingelegten Gleisjoch aufgebaut. Das hatte zur Folge, daß die Lokomotive nach ihrer Fertigstellung mittels Hilfsgleise auf die Gleisanlage des Reichsbahnausbesserungswerks umgesetzt werden mußte. Zu diesem Zeitpunkt erfuhr dort auch der Tender seine letzten Anpassungsarbeiten, nachdem er vom Bahnbetriebswerk Neustrelitz am 21. September 1988 per Tieflader nach Halle übergeführt worden war.

Am 1. Oktober 1988 war es dann soweit: Der Kessel konnte erstmals angeheizt werden. Dabei durchlebten die Beteiligten wohl die gleichen Augenblicke prickelnder Spannung wie Professor Schubert und seine Männer vor 150 Jahren.

Obwohl der Nachbau weitgehend unter Ausschluß der Öffentlichkeit stattfand, hatten sich Scharen von Schaulustigen und interessierten Eisenbahnern zu diesem Ereignis eingefunden. Dazu hatten die Film- und Fotoaufnahmen während der Zusammenbauphase einen ungewollten Anreiz gegeben.

Die Erleichterung und Freude stand den Beteiligten im Gesicht geschrieben, als am 15. Oktober 1988 die „neue" SAXONIA bei einer Probefahrt von Halle nach Eisleben ihre ersten Bewegungen aus eigener Kraft vollzog! In den Hintergrund gedrängt waren die vielen Schwierigkeiten, und die noch offenen Fragen, ob die Kesselspeisung wirklich so arbeiten wird, wie vorgesehen – ob der Flachschieberregler die erforderliche Dampfregelung zuläßt – ob die Feu-

Die Lokomotive wird zur Endmontage umgesetzt.
Foto: Dieter Just

eranfachung und Dampfentwicklung funktionieren werden, konnten nun in
der praktischen Erprobung beantwortet werden. Natürlich waren auch Kor-
rekturen in der Feineinstellung notwendig.

Die nachfolgende Probefahrt vom Reichsbahnausbesserungswerk Halle ins
Bahnbetriebswerk Leipzig Hbf Süd kann als die eigentliche Triumphfahrt der
neuerbauten SAXONIA gelten, wenn sie auch lange vor der ersten offiziellen
Fahrt stattfand. Dabei legte die Lokomotive ohne nennenswerte Probleme 38
Streckenkilometer zurück und beantwortete damit überzeugend die Frage
nach der ausreichenden Dampfentwicklung.

Als Brennstoff diente Steinkohle. Um das Risiko einer eventuellen Betriebsstö-
rung auf der dichtbefahrenen Hauptstrecke Halle–Leipzig zu verringern, wurde
zusätzlich eine Diesellokomotive der Baureihe 101 gekuppelt, die zudem die
Werte für die Lastprobefahrt lieferte und von der SAXONIA geschoben wurde.

Erfahrenes Dampflokpersonal der fünfziger Jahre führte die SAXONIA auf ihrer ersten Fahrt. Fast schutzlos der Witterung ausgesetzt, wurde von den Lokführern das gewohnte Führerhaus doch schmerzlich vermißt. Zum zuverlässigen Betätigen der heute kaum noch bekannten Tenderhandhebelbremse war eine gewisse Eingewöhnungszeit nötig. Im Raw Halle von der Probefahrt glücklich angekommen, berichteten beide ehemaligen Lokführer übereinstimmend:

Das ingenieurtechnische Kollektiv für den Nachbau der SAXONIA. Von links: Dipl.-Ing. Lehner, Raw „Ernst Thälmann" Halle; Dipl.-Ing. Schmidt, Raw „Ernst Thälmann", Leiter der Bauausführung; Dr. Busch, Werkdirektor des Raw „Ernst Thälmann"; Ing. Schünemann, Technische Überwachung der DR; Dipl.-Ing. Schnabel, Hauptverwaltung der Maschinenwirtschaft der DR, Leiter der Arbeitsgruppe; Dipl.-Ök. Deparade, Direktor für Technik des Raw „Ernst Thälmann"; auf der Lok Probefahrtschlosser Rohde, Raw „Ernst Thälmann" und Ing. Hennig, Hauptverwaltung der Maschinenwirtschaft der DR, Verantwortlicher für die Abnahme.
Foto: Dieter Just

„Man muß schon eine solche Fahrt selbst erlebt haben, um den Wagemut des Professor Schubert bei seinen Probefahrten zwischen Dresden-Neustadt und Dresden Weinböhla im Dezember 1838 nachempfinden zu können. Eine Schnellzugfahrt im Langlauf mit einer Dampflokomotive der Baureihe 03 ist im Vergleich hierzu eine Spazierfahrt. Es ist beileibe nicht leicht, im Schlepp dieser Lokomotive einen Zug über 115 km zu befördern!"

Erste Bewegungen aus eigener Kraft. An der vorderen Pufferbohle noch die Ersatzpuffer zum Kuppeln mit Regelfahrzeugen.
Foto: Dieter Just

In das künftige Heimat-Bw Bahnbetriebswerk Leipzig Hbf Süd übergeführt, wurden die letzten Vorbereitungsarbeiten ausgeführt, ehe die SAXO-
NIA am 6. April 1989 mit eigener Kraft ins Bahnbetriebswerk Riesa fuhr. Damit waren alle Voraussetzungen erfüllt, daß die Lokomotive am 8. April 1989
die Fahrzeugparade zum 150jährigen Bestehen der Leipzig-Dresdener Eisenbahn anführen konnte.

Der betriebsfähige Nachbau der ersten deutschen Dampflokomotive wird
künftig zum Bestand des Verkehrsmuseums Dresden gehören, um auch bei
späteren geschichtlichen Höhepunkten im Eisenbahnwesen der DDR an die
Wegbereiter des deutschen Lokomotivbaus zu erinnern.

Im Hochglanz unter Volldampf zur Abnahme.
Foto: Dieter Just